Aplicación de tratamientos no peculiares y naturales para la madera. EOCJ02

Rafael García Ambrosio

ic editorial

Aplicación de tratamientos no peculiares y naturales para la madera. EOCJ02
© Rafael García Ambrosio

1ª Edición

© IC Editorial, 2025

Editado por: IC Editorial
c/ Cueva de Viera, 2, Local 3
Centro Negocios CADI
29200 Antequera (Málaga)
Teléfono: 952 70 60 04
Fax: 952 84 55 03
Correo electrónico: iceditorial@iceditorial.com
Internet: www.iceditorial.com

ISBN: 978-84-1184-605-9
Depósito Legal: MA 215-2025

Impresión: PODiPrint
Impreso en Andalucía – España

Nota de la editorial: IC Editorial pertenece a Innovación y Cualificación S. L.

Especialidad formativa

Se entiende por especialidad formativa la agrupación de contenidos, competencias profesionales y especificaciones técnicas que responde a un conjunto de actividades de trabajo enmarcadas en una fase del proceso de producción y con funciones afines.

Las especialidades formativas de Uso General, Formación Complementaria, Formación Modular y las especialidades formativas dirigidas a la obtención de certificados de profesionalidad se incluyen en el Fichero de Especialidades del Servicio Público de Empleo Estatal para su gestión en todo el territorio nacional por cualquier Administración competente.

Las especialidades complementarias, pertenecen todas a la Familia profesional de Formación Complementaria (FCO) y tienen la consideración de formación transversal en áreas que se consideran prioritarias tanto en el marco de la Estrategia Europea para el Empleo y del Sistema Nacional de Empleo como en las directrices establecidas por la Unión Europea. Se consideran áreas prioritarias las relativas a tecnologías de la información y la comunicación, la prevención de riesgos laborales, la sensibilización en medio ambiente, la promoción de la igualdad, la orientación profesional y aquellas otras que se establezcan por la Administración competente.

Las especialidades de Certificado de profesionalidad tienen una duración especificada en su normativa reguladora.

En el resultado de la búsqueda, se muestran las unidades de competencia, todos los módulos formativos con su duración y las unidades formativas del certificado correspondiente, con su duración. Las horas del certificado, exclusivo de las especialidades de certificado de profesionalidad, con alta igual o superior a 2008, son las horas totales más las horas del módulo de Prácticas Profesionales no Laborales.

➲ **Si la especialidad tiene unidades formativas,** las horas totales, presencial, distancia, teleformación serán igual a la suma de esas horas de las unidades formativas de los distintos módulos, sin que se repita ninguna Unidad formativa.

⊃ **Si la especialidad no tiene unidades formativas,** las horas totales, presencial, distancia, teleformación serán igual a las sumas de esas horas de los módulos formativos, eliminando las horas de los módulos repetidos.

https://sede.sepe.gob.es/especialidadesformativas/RXBuscadorEFRED/BusquedaEspecialidades.do

(Fuente: Servicio Público de Empleo Estatal)

Índice

OBJETIVOS GENERALES

Los objetivos generales del **EOCJ02. Aplicación de tratamientos no peculiares y naturales para la madera,** son los siguientes:

- ➲ Identificar y valorar las propiedades técnicas y medioambientales de los tratamientos no peculiares y naturales para la madera para su aplicación en proyectos de construcción de madera.
- ➲ Identificar la normativa vigente Real Decreto 390/2021, de 1 de junio, sobre la certificación de la eficiencia energética para la rehabilitación y/o construcción de edificios, así como elementos clave para la obtención de dicha certificación.
- ➲ Identificar los diferentes tratamientos no peculiares y naturales sobre la madera y otros elementos constructivos, así como sus ventajas para aplicarlos en proyectos de construcción con madera.

Introducción al Código Técnico de Edificación

Contenido

1. Introducción
2. Reconocimiento de la normativa para la Certificación de la Eficacia Energética en los Edificios
3. Identificación de los elementos claves para la certificación de eficacia energética tanto en la rehabilitación como en la construcción de nuevos edificios
4. Resumen

Objetivos

El objetivo general de esta Unidad de Aprendizaje es:

→ Identificar la normativa vigente Real Decreto 390/2021, de 1 de junio, sobre la certificación de la eficiencia energética para rehabilitación y/o construcción de edificios, así como los elementos clave para la obtención de dicha certificación.

Los objetivos específicos de esta Unidad de Aprendizaje son:

→ Conocer la norma para la certificación de la eficacia energética en los edificios.

→ Identificar los elementos claves para la certificación de eficacia energética.

→ Evaluar la importancia de tener el certificado de eficiencia energética.

1. Introducción

El Código Técnico de la Edificación (CTE) es un marco normativo integral que regula los aspectos técnicos y funcionales de los edificios. Este conjunto de normas, establecido en 2006, tiene como objetivo principal garantizar la seguridad, habitabilidad, accesibilidad, eficiencia energética y sostenibilidad de las construcciones en el territorio español. El CTE aborda diversas disciplinas relacionadas con la edificación, incluyendo estructuras, instalaciones, seguridad en caso de incendio, ahorro de energía y protección contra el ruido, entre otras.

La normativa está diseñada para proporcionar directrices claras a arquitectos, ingenieros, constructores y demás profesionales del sector, asegurando la calidad y el cumplimiento de los estándares mínimos en la construcción de edificaciones en España. Su enfoque es multidisciplinario, abordando las diversas facetas que intervienen en la edificación y promoviendo prácticas que favorecen el bienestar de los ocupantes y el respeto por el medioambiente. A lo largo del tiempo, el CTE ha experimentado revisiones para adaptarse a avances tecnológicos y a cambios normativos, manteniendo su relevancia en el contexto de la edificación en el país.

Para ayudarnos a comprender mejor el Código Técnico de Edificación y la aplicación de tratamientos no peculiares y naturales para la madera seguiremos la pista de Diego, gerente de Construcciones Beana.

2. Reconocimiento de la normativa para la Certificación de la Eficacia Energética en los Edificios

☞ HILO CONDUCTOR

Diego, un arquitecto apasionado y meticuloso de Construcciones Beana, se encontraba frente a un nuevo desafío: el diseño y construcción de un edificio de oficinas de vanguardia en el corazón de la ciudad. Con el Código Técnico de Edificación (CTE) como guía, Diego se propuso crear un espacio que no solo cumpliera con los estándares reglamentarios, sino que también destacara por su eficiencia y seguridad. Una de las primeras decisiones clave fue la elección

Continúa en página siguiente >>

<< Viene de página anterior

de materiales. Siguiendo las directrices del CTE, Diego optó por materiales resistentes al fuego y de baja conductividad térmica para garantizar la seguridad y eficiencia energética del edificio. Implementó sistemas de iluminación LED, aislamiento térmico de alta calidad y ventanas de doble cristal para minimizar las pérdidas energéticas.

La certificación de la eficacia energética en los edificios es un proceso que evalúa y clasifica el rendimiento energético de una construcción. Este proceso ayuda a los propietarios, inquilinos y compradores a entender el consumo de energía de un edificio y a tomar decisiones en base a los datos de su eficiencia energética. A continuación, se exponen algunos **puntos clave** sobre la **certificación de la eficacia energética en los edificios:**

- **Objetivo.** El objetivo principal es evaluar y clasificar la eficiencia energética de un edificio, proporcionando información sobre su consumo de energía y emisiones asociadas.
- **Normativas y directivas.** En muchos países, la certificación de eficiencia energética está regulada por normativas y directivas específicas. La implementación y los requisitos pueden variar, pero a menudo se basan en estándares reconocidos internacionalmente.
- **Certificados profesionales.** La evaluación y certificación suelen ser realizadas por profesionales certificados en eficiencia energética. Estos profesionales pueden incluir arquitectos, ingenieros o expertos en energía.
- **Auditoría energética.** El proceso implica una auditoría energética del edificio, que examina aspectos como el aislamiento, la eficiencia de los sistemas de calefacción, ventilación y aire acondicionado (HVAC), iluminación, entre otros.
- **Clasificación energética.** La certificación suele incluir una clasificación energética que varía según el país. Puede ser una etiqueta que va desde A (más eficiente) hasta G (menos eficiente), similar a las etiquetas de electrodomésticos.
- **Recomendaciones de mejora.** Además de la clasificación, se suelen proporcionar recomendaciones para mejorar la eficiencia energética del edificio. Esto puede incluir sugerencias para la instalación de mejores aislamientos, sistemas más eficientes o el uso de energías renovables.
- **Beneficios.** La certificación de eficiencia energética puede tener beneficios tanto para los propietarios como para el medioambiente. Los propietarios pueden reducir sus costos operativos a través de la eficiencia energética, y se promueve la sostenibilidad al reducir las emisiones de gases de efecto invernadero.

- **Venta y alquiler.** En algunos lugares, la certificación energética es obligatoria al vender o alquilar una propiedad. La información sobre la eficiencia energética del edificio se incluye en la documentación legal.
- **Actualización y renovación.** La certificación generalmente tiene una validez limitada, por lo que puede ser necesario actualizarla periódicamente, especialmente si se realizan cambios significativos en la propiedad.

Es importante verificar las regulaciones específicas en la región o país en el que se encuentra el edificio, ya que las normativas y prácticas pueden variar. La certificación de eficiencia energética es una herramienta crucial para fomentar la construcción y el uso de edificios más sostenibles y eficientes desde el punto de vista energético.

El Real Decreto 390/2021, de 1 de junio, es el que regula el procedimiento básico para la certificación de la eficiencia energética de los edificios.

 **PARA SABER MÁS**

Puedes acceder al real decreto desde aquí:

https://redirectoronline.com/eocj020101

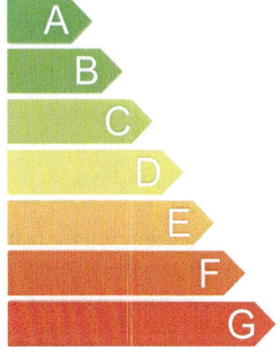

La clasificación energética en el certificado (de A a G) es similar a la que se encuentra en los electrodomésticos. Esto facilita la comprensión para los propietarios y compradores, ya que están familiarizados con estas categorías.

A continuación, analizaremos el alcance y los fundamentos del Real Decreto 390/2021, de 1 de junio.

2.1. Real Decreto 390/2021, de 1 de junio

El Real Decreto 390/2021, de 1 de junio, aprueba el procedimiento básico para la certificación de la eficiencia energética de los edificios. La aprobación de la Directiva (UE) 2018/844 requiere la adaptación del ordenamiento jurídico español, especialmente en términos de certificación energética de edificios. En este real decreto se destaca la importancia del Pacto Verde Europeo, que busca transformar la UE en una sociedad eficiente en recursos y con emisiones netas cero para 2050. Se aborda la evolución normativa desde la Directiva 2002/91/CE hasta el ya derogado Real Decreto 235/2013, que establece la obligación de proporcionar certificados de eficiencia energética a compradores o usuarios de edificios.

El nuevo real decreto busca mejorar la certificación energética de edificios, actualizar su contenido y aumentar la calidad, además de imponer la obligación a las empresas inmobiliarias de mostrar el certificado al vender o alquilar inmuebles. Este real decreto deroga al Real Decreto 235/2013 y se realizarían modificaciones en otros decretos relacionados.

La propuesta se justifica en la necesidad de cumplir con la Directiva (UE) 2018/844 y los objetivos del Plan Nacional Integrado de Energía y Clima, siguiendo principios de buena regulación como necesidad, eficacia, proporcionalidad, seguridad jurídica y eficiencia. Este ha pasado por consultas y audiencias públicas en las comunidades autónomas y entidades sectoriales. El decreto se ajusta a competencias estatales según la Constitución española.

2.2. Objeto y finalidad

El objeto de este real decreto es el establecimiento de las condiciones técnicas y administrativas que deben servir para la realización de las certificaciones de eficiencia energética de los edificios y la correcta transmisión de los resultados obtenidos a los usuarios y propietarios de los mismos.

También se establecen las condiciones técnicas y administrativas para la aprobación de la metodología de cálculo para su calificación de eficiencia energética, así como para la aprobación de la etiqueta de eficiencia energética como distintivo común en todo el territorio nacional.

La finalidad de la aprobación de dicho procedimiento básico es la promoción de la eficiencia energética en los edificios, así como, que la energía que estos utilicen, sea cubierta mayoritariamente por energía procedente de fuentes renovables.

 PARA SABER MÁS

Mira un vídeo donde se explica qué es la eficiencia energética accediendo desde aquí:

https://redirectoronline.com/eocj020102

2.3. Definiciones de interés

A continuación, verás algunas **definiciones** útiles en el procedimiento básico regulado:

1. **Calificación de la eficiencia energética de un edificio o parte del mismo.** La manera en que un edificio o una parte de él usa la energía se muestra a través de una etiqueta de eficiencia energética. Esto se determina usando una forma específica de calcular, según un documento reconocido que sigue un procedimiento básico. La etiqueta utiliza indicadores energéticos para expresar esta eficiencia.
2. **Certificación de eficiencia energética de edificio existente o de parte del mismo.** Es el proceso en el que se evalúa el grado de eficiencia energética del edificio existente o de una parte de él. Este proceso utiliza datos calculados o medidos y resulta en la emisión del certificado de eficiencia energética para ese edificio existente.
3. **Certificado de eficiencia energética de obra terminada.** Es el proceso en el que se evalúa la eficiencia energética de edificios recién construidos o, si ha habido cambios en edificios existentes, a partir de sus características finales. Esto permite compararlo con la calificación

obtenida en la certificación de eficiencia energética del proyecto. Este proceso resulta en la emisión del certificado de eficiencia energética para el edificio terminado.

4. **Certificación de eficiencia energética de proyecto.** Es el proceso en el que se evalúa la eficiencia energética de edificios recién construidos o, si hubo cambios en edificios existentes, a partir de las características indicadas en el proyecto inicial. Esto lleva a la emisión del certificación de eficiencia energética del proyecto.

5. **Certificado de eficiencia energética de proyecto.** Es un conjunto de documentos firmados por un experto después de evaluar un edificio. Contiene detalles sobre cómo usa la energía el edificio, la calificación de su eficiencia energética en el proyecto de ejecución, y sugerencias específicas y viables para mejorar su eficiencia energética, adaptadas a cada edificio o parte de este de manera que sea más eficiente y rentable.

6. **Instalación térmica del edificio.** Una instalación térmica es un sistema fijo que proporciona calefacción, refrigeración y ventilación para mantener cómodas y saludables las condiciones térmicas de las personas. También incluye sistemas que producen agua caliente para uso sanitario, y puede conectarse a redes urbanas de calefacción o refrigeración. Además, abarca sistemas de automatización y control.

7. **Certificado de eficiencia energética de edificio existente.** Es un conjunto de documentos firmados por un experto que incluye detalles sobre cómo usa la energía un edificio existente o parte de él. También muestra la calificación de eficiencia energética y ofrece sugerencias específicas y factibles para hacer que el edificio o partes de él sea más eficiente y rentable en términos de energía.

8. **Envolvente térmica del edificio.** Es un conjunto de partes, como las paredes exteriores y las divisiones internas, si las hay, de un edificio o una parte de él. Esto incluye también los lugares donde puede haber pérdida de calor, llamados puentes térmicos, y se determina siguiendo las reglas del Código Técnico de la Edificación.

9. **Eficiencia energética de un edificio.** Es la cantidad de energía que, ya sea calculada o medida, se cree que se necesita para cumplir con las necesidades energéticas del edificio bajo condiciones normales de uso. Esto abarca la energía utilizada para calefacción, refrigeración, ventilación, agua caliente y luces, entre otras cosas.

2.4. Ámbito de aplicación del procedimiento

El procedimiento básico para la certificación de la eficiencia energética de los edificios deberá ser aplicado en:

| A | B | C |
| D | E | F |

a. Edificios nuevos.
b. Edificios o partes de ellos que ya existan, que se vendan o alquilen a un nuevo arrendatario.
c. Edificios o partes de edificios que sean o estén ocupados por una Administración pública con una superficie superior a 250 m^2.
d. Edificios o partes de edificios en los que se realicen reformas o ampliaciones que estén dentro de alguno de los siguientes casos:

    1. Sustitución, instalación o renovación de las instalaciones térmicas cuando se necesite la realización o modificación de un proyecto de instalaciones térmicas.
    2. Intervención en más del 25 % de la superficie total de la envolvente térmica final del edificio.
    3. Ampliación en la que se incremente más de un 10 % la superficie o el volumen construido, cuando la superficie útil total ampliada supere los 50 m^2.

e. Edificios o partes de edificios con una superficie útil total superior a 500 m^2 destinados a los siguientes usos:

    1. Administrativo
    2. Sanitario

3. Comercial: tiendas
4. Residencial público
5. Docente
6. Cultural
7. Actividades recreativas
8. Restauración
9. Transporte de personas
10. Deportivos
11. Lugares de culto

f. Edificios que tengan que realizar obligatoriamente la Inspección Técnica del Edificio.

 **APLICACIÓN PRÁCTICA**

La certificación de la eficiencia energética en los edificios es un proceso crucial para evaluar y clasificar el rendimiento energético de una construcción. Una parte del proceso consiste en una auditoría energética. ¿Sabrías decir algunos de los aspectos que se examinan en esta parte del proceso?

Solución

En una auditoría de eficiencia energética, el enfoque principal es evaluar cómo se utilizan y se gestionan los recursos energéticos. Esto implica analizar la eficiencia de los procesos relacionados con la energía, como el aislamiento, la eficiencia de los sistemas de calefacción, ventilación y aire acondicionado (HVAC), iluminación, entre otros, además de identificar posibles mejoras en la utilización de recursos y garantizar el cumplimiento de prácticas sostenibles. Aspectos como el consumo de agua y la calidad del aire pueden ser relevantes, pero no son los aspectos centrales de una auditoría de eficiencia energética.

3. Identificación de los elementos claves para la certificación de eficacia energética tanto en la rehabilitación como en la construcción de nuevos edificios

☞ **HILO CONDUCTOR**

Tras el estudio de la normativa para la certificación de la eficacia energética en los edificios, Diego comprendió la importancia de las condiciones técnicas y administrativas asociadas. Las condiciones técnicas exigían la utilización de métodos normalizados para el cálculo de la eficiencia energética.

Diego también se encontró con los requisitos administrativos, que incluían la presentación de la documentación necesaria para la obtención de la certificación. Organizó un equipo especializado en la recopilación de datos y elaboración de informes, asegurándose de que cada detalle se registrase de manera clara y precisa. Durante la construcción, Diego implementó medidas adicionales sugeridas por la normativa para mejorar la eficiencia energética como, por ejemplo, sistemas de monitorización para realizar un seguimiento en tiempo real del consumo eléctrico y térmico, permitiendo ajustes continuos para maximizar la eficiencia.

Los **documentos reconocidos para la certificación de eficiencia energética** son documentos técnicos diseñados para ayudar a seguir las reglas básicas y evaluar así cuánta energía usa un edificio. Estos documentos son oficialmente reconocidos por los Ministerios para la Transición Ecológica y el Reto Demográfico, así como el Ministerio de Transportes, Movilidad y Agenda Urbana.

Estos **documentos** pueden incluir:

- ⮕ **Especificaciones y guías técnicas.** Instrucciones y consejos técnicos sobre cómo aplicar la certificación de eficiencia energética en el aspecto técnico y administrativo.
- ⮕ **Modelos de etiqueta.** Diferentes tipos de etiquetas de eficiencia energética de un edificio, informes de evaluación energética del edificio (en formato XML), y certificados ya sea en papel o en formato digital. Estos documentos indican la información necesaria en cada caso.

⊃ **Otros documentos.** Cualquier documento que ayude a usar la certificación de eficiencia energética, excepto los que hablan de cómo usar un producto o sistema específico con derechos de patente.

En algunos documentos se aplican procedimientos de cálculo de la eficiencia energética. Estos métodos para calcular la eficiencia de un edificio pueden ser sencillos o detallados y, para asegurar que los certificados son de buena calidad, su uso está limitado según las reglas establecidas en los documentos oficiales que los respaldan.

La eficiencia energética es imprescindible para proteger al planeta.

A continuación, veremos algunos de los elementos claves para la certificación de eficacia energética tanto en la rehabilitación como en la construcción de nuevos edificios.

3.1. Calificación de la eficiencia energética de un edificio

Se establece que los procedimientos para evaluar la eficiencia energética de un edificio deben seguir documentos reconocidos y estar recogidos en un registro específico. Durante el proceso de calificación energética, se debe utilizar la última versión del documento reconocido en el registro, a menos que haya un cambio en el documento entre la obtención del certificado de eficiencia energética del proyecto y el de la obra terminada. En este caso, se permite utilizar la misma versión del documento que se empleó en la elaboración del certificado de eficiencia energética del proyecto.

3.2. Certificación de la eficiencia energética de un edificio

Queda establecido que el promotor o propietario de un edificio, ya sea nuevo o existente, tiene la responsabilidad de solicitar y conservar la certificación de eficiencia energética, a menos que ya disponga de un certificado vigente. Los locales destinados a uso independiente deben certificarse antes de la apertura, excepto aquellos de carácter industrial. El cálculo de indicadores se basa en los espacios habitables y el certificado no valida el cumplimiento de otros requisitos.

Durante la certificación, el técnico competente realiza visitas al inmueble para recopilar datos. El certificado debe estar registrado para tener validez legal y el plazo de presentación varía según la comunidad autónoma.

Los certificados deben estar disponibles para las autoridades competentes, ya sea en el libro del edificio o en posesión del propietario o presidente de la comunidad de propietarios.

3.3. Contenido del Certificado de eficiencia energética

La certificación de eficiencia energética se compone de los siguientes **elementos:**

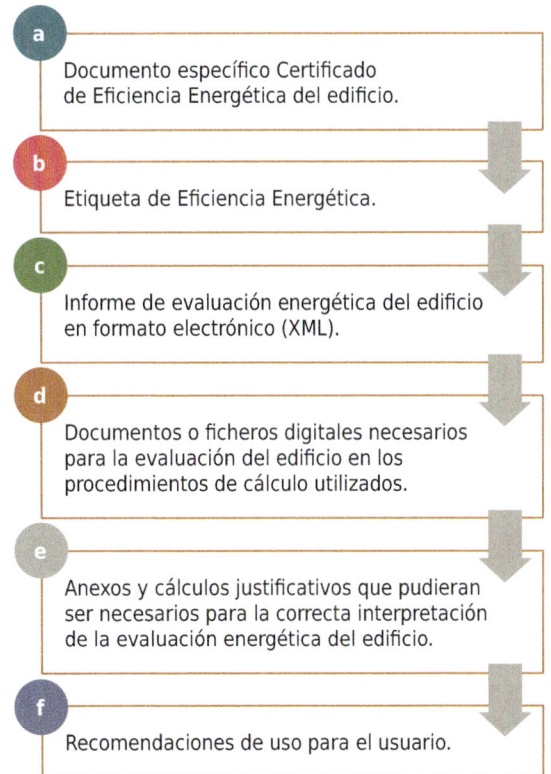

a Documento específico Certificado de Eficiencia Energética del edificio.

b Etiqueta de Eficiencia Energética.

c Informe de evaluación energética del edificio en formato electrónico (XML).

d Documentos o ficheros digitales necesarios para la evaluación del edificio en los procedimientos de cálculo utilizados.

e Anexos y cálculos justificativos que pudieran ser necesarios para la correcta interpretación de la evaluación energética del edificio.

f Recomendaciones de uso para el usuario.

Los modelos oficiales de los documentos a, b y c serán publicados como documentos reconocidos.

3.4. Certificación de la eficiencia energética de un edificio de nueva construcción

La certificación de eficiencia energética de un edificio recién construido tiene dos partes: **la certificación del proyecto** y la **certificación del edificio terminado.** Ambos certificados son firmados por un experto.

El certificado del proyecto se basa en las características estructuradas en los planos y se incluye en estos. En cambio, el certificado del edificio terminado se basa en cómo quedó realmente el edificio, lo que permite compararlo con la calificación del certificado del proyecto.

Si hay cambios en las reglas entre obtener el certificado del proyecto y el del edificio terminado, se puede usar la misma versión de las reglas que se empleó para el certificado del proyecto.

Si la calificación del certificado del edificio terminado no es la misma que la del certificado del proyecto, el experto adjuntará una explicación al certificado del edificio terminado.

 ACTIVIDAD COMPLEMENTARIA

1. Haz una búsqueda en fuentes externas y describe al menos tres proyectos de construcción que hayan utilizado ideas originales para mejorar la eficiencia energética del proyecto.

3.5. Certificación de eficiencia energética de un edificio existente

La certificación de eficiencia energética de los edificios o partes de edificios existentes que se vendan o alquilen a un nuevo arrendatario, edificios o partes de edificios pertenecientes u ocupados por una Administración pública con una superficie útil total superior a 250 m², edificios o partes de edificios con una superficie útil total superior a 500 m² destinados a los siguientes **usos:**

1. Administrativo
2. Sanitario
3. Comercial: tiendas, supermercados, grandes almacenes, centros comerciales y similares.
4. Residencial público: hoteles, hostales, residencias, pensiones, apartamentos turísticos y similares.
5. Docente
6. Cultural: teatros, cines, museos, auditorios, centros de congresos, salas de exposiciones, bibliotecas y similares.
7. Actividades recreativas: casinos, salones recreativos, salas de fiesta, discotecas y similares.
8. Restauración: bares, restaurantes, cafeterías y similares.
9. Transporte de personas: estaciones, aeropuertos y similares.
10. Deportivos: gimnasios, polideportivos y similares.
11. Lugares de culto, de usos religiosos y similares.
12. Edificios que tengan que realizar obligatoriamente la inspección técnica del edificio o inspección equivalente.

Solo tiene una fase única: certificación de la eficiencia energética de edificio existente. Este certificado será firmado por un técnico competente.

 **PARA SABER MÁS**

Mira el vídeo acerca del CTE en relación con la eficiencia energética de los edificios accediendo desde aquí:

Continúa en página siguiente >>

<< Viene de página anterior

https://redirectoronline.com/eocj020103

3.6. Control de los certificados de eficiencia energética

La autoridad encargada de la certificación energética de edificios en la región creará y utilizará un sistema de verificación independiente para los certificados de eficiencia energética. Este control se llevará a cabo examinando muestras de los certificados emitidos cada año e incluirá al menos las siguientes **acciones,** u otras similares:

- **Comprobación de la validez.** Verificar si la información básica sobre el edificio utilizada para emitir el certificado de eficiencia energética es correcta y si los resultados indicados en el certificado son precisos.
- **Comprobación completa.** Revisar detenidamente la información básica del edificio usada para emitir el certificado de eficiencia energética. Además, examinar minuciosamente los resultados y recomendaciones del certificado.
  Esto incluye realizar una visita al lugar para asegurarse de que lo que se indica en el certificado coincide con la realidad del edificio certificado.

La revisión será realizada por la autoridad de la comunidad autónoma o por entidades independientes autorizadas para ello. Estas entidades pueden ser organismos de control que cumplan con ciertos requisitos técnicos.

Si la calificación de eficiencia energética después de esta revisión es diferente a la inicial, se informará al dueño del edificio sobre las razones y se le dará un tiempo para corregirlo o presentar sus comentarios si no está de acuerdo. Si no se resuelven las diferencias, el dueño deberá obtener un nuevo certificado de eficiencia energética, además de los recursos que pueda tener disponibles.

3.7. Validez, renovación y actualización del certificado de eficiencia energética

El certificado de eficiencia energética durará hasta diez años, pero si la calificación es G, solo será válido por cinco años. La autoridad competente encargada de la certificación energética en cada región establecerá las condiciones para renovarlo o actualizarlo. El dueño del edificio es responsable de renovar o actualizar el certificado según las condiciones establecidas por la autoridad competente en cada comunidad.

 **NOTA**

El dueño puede decidir actualizarlo voluntariamente si hay cambios en el edificio que puedan afectar la calificación de eficiencia energética.

3.8. Etiqueta de eficiencia energética

Obtener y registrar el certificado de eficiencia energética permite usar la etiqueta de eficiencia energética durante su periodo de validez. La información que debe tener la etiqueta está en un documento reconocido disponible en el registro general.

La etiqueta de eficiencia energética debe estar presente en cualquier oferta, promoción o publicidad para vender o alquilar el edificio o parte de él. En esta se debe indicar claramente si se refiere al certificado de proyecto, de obra terminada o de edificio existente.

No está permitido mostrar etiquetas, marcas, símbolos o inscripciones que hablen de la certificación de eficiencia energética de un edificio si no cumplen con los requisitos de este decreto y pueden causar confusión o error.

 **TAREA 1**

Imagina que eres el gerente de una empresa que ha decidido llevar a cabo una auditoría de eficiencia energética para mejorar su sostenibilidad y reducir

Continúa en página siguiente >>

<< Viene de página anterior

costos operativos. La dirección de la empresa te ha asignado la responsabilidad de liderar este proceso, pero te enfrentas a la incertidumbre de por dónde empezar y qué elementos son cruciales para obtener una certificación de eficacia energética.

Ante esta situación, ¿cuáles son los elementos claves que debes identificar y abordar para asegurar una certificación exitosa de eficacia energética en tu empresa?

4. Resumen

El Código Técnico de la Edificación (CTE) es un marco normativo que regula aspectos técnicos y funcionales de los edificios en el estado español; centrado en seguridad, habitabilidad, accesibilidad, eficiencia energética y sostenibilidad. Desde su establecimiento en 2006, el CTE ha evolucionado para adaptarse a avances tecnológicos y cambios normativos manteniendo su relevancia.

La certificación de eficiencia energética evalúa y clasifica el rendimiento energético de los edificios, proporcionando información sobre su consumo y emisiones. En España, el Real Decreto 390/2021 establece el procedimiento básico para esta certificación, promoviendo la eficiencia y el uso de energías renovables.

La certificación aborda aspectos como la auditoría energética, clasificación energética (de A a G), recomendaciones de mejora, así como beneficios económicos y ambientales. Es obligatorio en ciertos casos de venta o alquiler y su validez se limita, por lo que se requiere una actualización periódica.

Certificado de Eficiencia Energética
- Real Decreto 390/2021, de 1 de junio
- Código Técnico de Edificación
- Condiciones técnicas y administrativas

Ejercicios de autoevaluación
Unidad de Aprendizaje 1

1. Determina si la siguiente oración es verdadera o falsa: "La certificación de eficiencia energética puede ser realizada por cualquier persona sin necesidad de tener un certificado profesional en eficiencia energética".

   ■ Verdadero
   ■ Falso

2. ¿Quién es responsable de encargar la certificación de eficiencia energética del edificio?

   a. Inquilino
   b. Técnico competente
   c. Promotor o propietario
   d. Agente inmobiliario

3. Determina si la siguiente oración es verdadera o falsa: "La certificación de eficiencia energética es obligatoria para todos los edificios, independientemente de su tamaño o uso".

   ■ Verdadero
   ■ Falso

4. ¿En qué casos la certificación de eficiencia energética no es obligatoria?

   a. Edificios nuevos
   b. Edificios existentes que se venden o alquilan
   c. Locales de uso industrial
   d. Todos los edificios deben obtener la certificación.

5. Determina si la siguiente oración es verdadera o falsa: "El certificado de eficiencia energética tiene una validez máxima de cinco años si la calificación energética es G".

   ■ Verdadero
   ■ Falso

6. ¿Cuál es la validez máxima del certificado de eficiencia energética en general?

    a. 5 años
    b. 8 años
    c. 10 años
    d. 15 años

7. Determina si la siguiente oración es verdadera o falsa: "La certificación de eficiencia energética no incluye recomendaciones de mejora para el edificio".

    ■ Verdadero
    ■ Falso

8. ¿Qué elemento no forma parte de la certificación de eficiencia energética?

    a. Etiqueta de eficiencia energética
    b. Informe de evaluación energética en formato electrónico
    c. Facturas de servicios públicos
    d. Recomendaciones de uso para el usuario

9. Determina si la siguiente oración es verdadera o falsa: "La etiqueta de eficiencia energética debe ser exhibida en la publicidad dirigida a la venta o alquiler del edificio".

    ■ Verdadero
    ■ Falso

10. ¿Quién establece las condiciones específicas para la renovación o actualización del certificado de eficiencia energética?

    a. Gobierno central
    b. Ayuntamiento
    c. Órgano competente de la comunidad autónoma
    d. Propietario del edificio

Tratamientos no peculiares y naturales en proyectos de construcción con madera

Contenido

1. Introducción
2. Caracterización del ciclo de vida de los materiales
3. Análisis del papel de la madera en la construcción en altura
4. Identificación de los problemas derivados (ambientales y sociosanitarios) producidos por los tratamientos químicos aplicados en el sector de la construcción
5. Diferenciación de los tratamientos naturales y no peculiares sobre madera para su posterior aplicación
6. Especificaciones de la normativa europea y española sobre productos naturales, carencia de toxicidad y disolventes
7. Resumen

Objetivos

El objetivo general de esta Unidad de Aprendizaje es:

→ Identificar los diferentes tratamientos no peculiares y naturales sobre la madera y otros elementos constructivos, así como sus ventajas para aplicarlos en proyectos de construcción con madera.

Los objetivos específicos de esta Unidad de Aprendizaje son:

→ Conocer el ciclo de vida de los materiales.

→ Analizar las ventajas de los tratamientos no peculiares y naturales en diferentes proyectos de construcción con madera.

→ Identificar los problemas derivados (ambientales y sociosanitarios) producidos por los tratamientos químicos aplicados en el sector de la construcción.

→ Diferenciar los tratamientos naturales y no peculiares sobre madera, para su posterior aplicación.

→ Conocer las especificaciones de la normativa europea y española sobre productos naturales, carencia de toxicidad y disolventes.

→ Identificar y proponer soluciones sostenibles para el tratamiento y preservación de la madera en proyectos de construcción.

1. Introducción

Los términos tratamientos no peculiares y naturales en proyectos de construcción con madera, hacen referencia a los métodos de procesamiento y preservación de la madera utilizada en proyectos de construcción, específicamente aquellos que no son inusuales o particulares y que incorporan en gran medida procesos naturales.

En proyectos de construcción con madera, destacan los tratamientos de preservación que no son peculiares, es decir, que no son excepcionales o únicos, y aquellos que son naturales. Los tratamientos no peculiares son métodos estándar y comúnmente aceptados para mejorar la durabilidad y resistencia de la madera. Por otro lado, los tratamientos naturales se basan en procesos que utilizan recursos naturales, minimizando la intervención química. Estos enfoques buscan mantener la integridad de la madera y prolongar su vida útil, considerando aspectos como la resistencia a la humedad, a los insectos y a otros factores ambientales adversos.

La elección entre tratamientos no peculiares y naturales en proyectos de construcción con madera se vincula con la preocupación por la sostenibilidad y la minimización del impacto ambiental. Estos métodos buscan equilibrar la necesidad de preservar la madera con la búsqueda de soluciones respetuosas con el medioambiente, contribuyendo así a la construcción de estructuras más sostenibles y amigables con la naturaleza.

Seguiremos analizando el caso de Diego, gerente de Construcciones Beana, que nos ayudará a comprender la importancia de hacer una buena elección en el tratamiento de la madera con su nuevo proyecto.

2. Caracterización del ciclo de vida de los materiales

 HILO CONDUCTOR

Diego, consciente de la importancia de la sostenibilidad en la construcción del edificio de oficinas, decide llevar a cabo un estudio completo del ciclo de vida de los materiales utilizados en el proyecto. Evalúa el impacto ambiental de los

Continúa en página siguiente >>

<< Viene de página anterior

materiales seleccionados, considerando el consumo de energía, las emisiones de gases de efecto invernadero y otros impactos asociados. Diego se asegura de seleccionar materiales cuya fabricación fuera lo más sostenible posible. Se priorizan proveedores locales para reducir la distancia de transporte, además se eligen materiales que son eficientes en términos energéticos y que requieren poco mantenimiento a lo largo del tiempo y, en cuanto a la reutilización y reciclaje, se considera la capacidad de los materiales para ser reutilizados o reciclados al final de su vida útil.

La caracterización del ciclo de vida de los materiales se refiere al análisis exhaustivo y detallado de las diferentes etapas y aspectos ambientales, económicos y sociales asociados con un material específico a lo largo de su vida útil.

Ejemplo de ciclo de vida de materiales

2.1. Producción: materias primas, transporte y fabricación

La **producción** es un proceso que involucra la transformación de materias primas a través de diferentes etapas, que incluyen el transporte y la fabricación:

◐ **Materias primas.** Estas son los elementos básicos que se utilizan para fabricar un producto. Pueden ser recursos naturales como minerales, metales, productos agrícolas, productos químicos, entre otros. La disponibilidad y calidad de las materias primas pueden influir significativamente en el proceso de producción y en el costo final del producto.

➲ **Transporte.** El transporte es crucial para llevar las materias primas desde su lugar de origen hasta la instalación de fabricación. Puede involucrar diversos medios de transporte como camiones, trenes, barcos o aviones, dependiendo de la distancia y del tipo de material que se esté transportando. La eficiencia del transporte es importante para mantener los costos bajos y cumplir con los plazos de producción.

➲ **Fabricación.** Esta etapa implica el proceso de transformar las materias primas en productos terminados mediante diversos métodos y técnicas. Puede incluir operaciones como el mecanizado, el ensamblaje, la fundición, la soldadura, la pintura, entre otros. La fabricación eficiente requiere una planificación cuidadosa, un uso adecuado de la tecnología y la coordinación de los recursos humanos y materiales disponibles.

La producción implica la gestión efectiva de las materias primas, su transporte y fabricación para crear productos que satisfagan las necesidades del mercado de manera rentable y eficiente.

2.2. Construcción: transporte y procesos de obra

La caracterización del ciclo de vida de los materiales en el contexto de la construcción implica comprender cómo los materiales utilizados en la industria de la construcción atraviesan diferentes etapas, incluido el transporte y los procesos de obra. A continuación, se expone una descripción de las etapas:

Transporte	Una vez que los materiales de construcción están fabricados, se transportan desde las instalaciones de producción hasta el sitio de construcción. El transporte puede involucrar a camiones, trenes, barcos o incluso aviones, dependiendo de la distancia y accesibilidad del sitio.
Procesos de obra	Esta etapa abarca todas las actividades relacionadas con la construcción en el sitio, que incluyen la preparación del terreno, la construcción de la estructura, la instalación de sistemas, los acabados, entre otros. Durante estos procesos, los materiales se utilizan y se integran en la construcción final. También pueden generarse residuos y emisiones asociadas con la construcción como el polvo, el ruido y los desechos de construcción.

Cada una de estas etapas tiene implicaciones ambientales, sociales y económicas que deben ser consideradas para promover la sostenibilidad en la industria de la construcción.

2.3. Uso: mantenimiento, reparación-reemplazo, rehabilitación, consumo energético y consumo de agua

El ciclo de vida de los materiales durante su uso abarca varias facetas importantes, estas incluyen el mantenimiento, la reparación-reemplazo, la rehabilitación, así como el consumo energético y de agua asociado. Aquí tienes una descripción de cada uno:

- **Mantenimiento.** Durante el uso de los materiales, es necesario realizar actividades de mantenimiento para preservar su funcionalidad, seguridad y estética. Estas actividades pueden incluir limpieza, pintura, lubricación, ajustes, inspecciones periódicas, entre otros. Un mantenimiento adecuado puede prolongar la vida útil de los materiales y reducir la necesidad de reemplazo prematuro.
- **Reparación y reemplazo.** Con el tiempo, los materiales pueden sufrir daños debido al desgaste, a la exposición a elementos ambientales o a los eventos adversos. Por ello, es necesario realizar reparaciones para restaurar la funcionalidad y la integridad de los materiales. Si las reparaciones no son posibles o son ineficaces, puede ser necesario el reemplazo parcial o completo de los materiales.
- **Rehabilitación.** La rehabilitación implica la renovación o mejora de los materiales y estructuras existentes para adaptarlas a los nuevos requisitos funcionales, estéticos o normativos. Esto puede incluir la actualización de sistemas, la mejora de la eficiencia energética, la modernización de acabados, entre otros. La rehabilitación puede extender la vida útil de los materiales y reducir la necesidad de demolición y reconstrucción.
- **Consumo energético.** Durante el uso de los materiales se puede requerir energía para su funcionamiento, mantenimiento y operación. Esto incluye la energía utilizada para la iluminación, la calefacción, la refrigeración, los sistemas de transporte, entre otros. El consumo energético durante el uso de los materiales tiene implicaciones ambientales en términos de emisiones de gases de efecto invernadero y agotamiento de recursos naturales.
- **Consumo de agua.** El agua también juega un papel importante en el uso de materiales, especialmente en aplicaciones como la construcción, la industria manufacturera y el riego. El agua se utiliza para la mezcla de hormigón, el enfriamiento de equipos, la limpieza, entre otros fines. El consumo de agua durante el uso de los materiales puede tener impactos en la disponibilidad de recursos hídricos y en la calidad del agua.

IMPORTANTE

La gestión eficiente de estos aspectos puede contribuir a la sostenibilidad y prolongación de la vida útil de los materiales.

2.4. Fin de vida: demolición, transporte, reciclado, reutilización y vertedero-incineradora

Esta etapa de fin de vida involucra varias actividades y opciones de gestión, que pueden incluir la demolición, el transporte, el reciclado, la reutilización y la disposición final en vertederos o incineradoras. A continuación, se expone la descripción de cada una de ellas:

- **Demolición.** La demolición es el proceso de desmontar o destruir una estructura o edificio existente al final de su vida útil o cuando ya no es funcional. Este proceso puede implicar el uso de maquinaria pesada, como excavadoras y martillos hidráulicos, para derribar la estructura de manera segura y controlada.
- **Transporte.** Una vez completada la demolición, los materiales resultantes deben ser transportados desde el sitio de demolición hasta las instalaciones de procesamiento o disposición final. Esto puede requerir el uso de camiones, contenedores u otros medios de transporte, dependiendo de la cantidad y del tipo de materiales.
- **Reciclaje.** Los materiales recuperados de la demolición, como el hormigón, el acero, la madera y otros materiales de construcción, pueden ser reciclados y reutilizados en la fabricación de nuevos productos o en la construcción de nuevas estructuras. El reciclaje de materiales reduce la demanda de materias primas vírgenes y minimiza la cantidad de desechos enviados a vertederos.
- **Reutilización.** Algunos materiales pueden ser reutilizados directamente en otras aplicaciones sin necesidad de un procesamiento adicional. Por ejemplo, los ladrillos, las vigas de madera y los accesorios de fontanería pueden ser recuperados y reutilizados en proyectos de construcción nuevos o en proyectos de renovación.
- **Vertedero e incineración.** Cuando los materiales no son adecuados para el reciclaje o la reutilización, pueden ser enviados a vertederos o incineradoras para su disposición final. Sin embargo, estas opciones generan impactos ambientales negativos como la contaminación del suelo, del agua y del aire, así como emisiones de gases de efecto invernadero en el caso de la incineración.

La caracterización del ciclo de vida de los materiales es fundamental para la toma de decisiones informada en términos de sostenibilidad, ayudando a identificar áreas donde se pueden realizar mejoras y a favorecer la elección de materiales más respetuosos con el medioambiente en proyectos de construcción y otras aplicaciones.

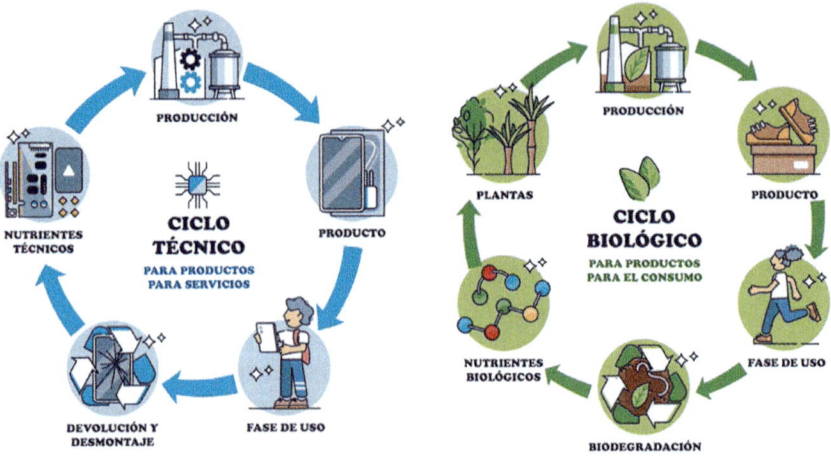

El ciclo de vida de los materiales tiene en cuenta un ciclo técnico de recuperación y otro biológico de degradación de los materiales.

3. Análisis del papel de la madera en la construcción en altura

 HILO CONDUCTOR

Diego, tras estudiar las posibilidades de la madera en la construcción en altura, se da cuenta del potencial que este material tiene para su proyecto. Opta por utilizar técnicas como la madera laminada cruzada (CLT) y la madera laminada encolada (MLE) para mejorar la resistencia estructural, además, considera la posibilidad de movimientos y deformaciones de la madera debido a cambios en la humedad y en la temperatura al diseñar las uniones. También se asegura de incluir medidas para mejorar la resistencia al fuego de la estructura de madera, utilizando tecnologías modernas y tratamientos adecuados. Colabora estrechamente con ingenieros estructurales para crear formas complejas e integrar

Continúa en página siguiente >>

<< Viene de página anterior

las características estéticas específicas del material en el diseño del edificio, cumpliendo con los códigos y normativas locales para garantizar la seguridad y viabilidad del proyecto.

- -

El papel de la madera en la construcción en altura ha experimentado un resurgimiento en los últimos años debido a su sostenibilidad, versatilidad y propiedades estructurales. Antes de abordar el análisis, es importante destacar que la construcción en altura se refiere a los edificios de varios pisos, y no necesariamente rascacielos.

Tala de árboles responsable para extraer madera

 SABÍAS QUE...

La madera es un material renovable y sostenible, pues se puede cosechar de manera responsable en bosques gestionados de forma adecuada, y su producción requiere menos energía y emite menos gases de efecto invernadero que la fabricación de materiales como el acero y el hormigón.

- -

3.1. Diseño estructural

El diseño estructural de edificios altos construidos con madera presenta desafíos y consideraciones únicas que deben abordarse cuidadosamente. A continuación, se presenta un análisis del papel de la madera en el diseño estructural de construcciones en altura:

- **Resistencia estructural.** La madera es naturalmente resistente en compresión, pero puede ser más débil en tracción y corte en comparación con materiales como el acero.
  El uso de técnicas como la madera laminada cruzada (CLT) y la madera laminada encolada (MLE) ayuda a mejorar la resistencia estructural, permitiendo así la construcción de edificios más altos.
- **Conexiones y uniones.** Las conexiones juegan un papel crucial en la estabilidad estructural. Se deben utilizar sistemas de conexión diseñados específicamente para madera en construcciones en altura.
  El diseño de uniones debe tener en cuenta la posibilidad de movimientos y deformaciones de la madera debido a cambios en la humedad y en la temperatura.
- **Cargas y distribución de peso.** El diseño estructural debe considerar la distribución de cargas verticales y laterales a lo largo de la altura del edificio.
  La madera ligera puede reducir las cargas sísmicas en comparación con materiales más pesados, pero se deben tener en cuenta los efectos del viento y otros factores externos.
- **Humedad y estabilidad dimensional.** La madera es sensible a cambios en la humedad, lo que puede afectar a su estabilidad dimensional. Los ingenieros estructurales deben tener en cuenta la contracción y expansión de la madera en su diseño.
  El tratamiento adecuado de la madera y el uso de técnicas de construcción que minimicen la exposición a la humedad son esenciales.
- **Protección contra incendios.** Aunque la madera es un combustible, las tecnologías modernas permiten mejorar la resistencia al fuego mediante tratamientos y capas adicionales.
  El diseño debe incluir medidas para limitar la propagación del fuego y proporcionar el tiempo suficiente para la evacuación segura.
- **Innovación en diseño.** La madera ofrece oportunidades para diseños arquitectónicos innovadores. El diseño estructural debe permitir la creación de formas complejas y la integración de las características estéticas específicas del material.
  La colaboración entre arquitectos e ingenieros estructurales es crucial para aprovechar al máximo las capacidades de la madera en la construcción en altura.

⊃ **Normativas y códigos de construcción.** Cumplir con los códigos y normativas locales es fundamental para garantizar la seguridad y la viabilidad del proyecto.

Algunas áreas pueden tener regulaciones específicas para la construcción en altura con madera, y es esencial cumplir con estas normativas.

La construcción en altura con madera está en auge debido a, entre otros factores, su versatilidad para realizar diseños complejos.

 SABÍAS QUE...

Los edificios construidos con madera tienen una excelente capacidad para retener el calor, lo que reduce la necesidad de calefacción y refrigeración, y ello contribuye a la eficiencia energética.

En conclusión, el diseño estructural de edificios altos con madera requiere una cuidadosa consideración de los aspectos técnicos, desde la resistencia de los materiales hasta la estabilidad ante factores externos. A medida que la tecnología y las prácticas de construcción evolucionan, la madera continúa siendo una opción prometedora para proyectos en altura, siempre que se aborden adecuadamente los desafíos asociados.

3.2. Proceso constructivo

El proceso constructivo de edificios en altura con estructuras de madera implica una serie de consideraciones específicas que van más allá de los métodos tradicionales de construcción. A continuación, tienes un análisis del papel de la madera en el proceso constructivo:

1. **Preparación del sitio.** La preparación del sitio incluye la nivelación del terreno y la instalación de los cimientos. Para la construcción con madera, los cimientos deben ser diseñados para soportar las cargas de manera eficiente y minimizar los efectos de la expansión y contratación de la madera debido a la humedad.
2. **Diseño y planificación.** La colaboración entre arquitectos, ingenieros estructurales y contratistas es esencial en la fase de diseño. Se deben tener en cuenta los requisitos de diseño estructural específicos de la madera, como la ubicación de conexiones y uniones, para garantizar la estabilidad y la seguridad del edificio.
3. **Selección y preparación de la madera.** La madera utilizada debe cumplir con los estándares de calidad y sostenibilidad. Además, puede requerir tratamientos especiales para mejorar su resistencia al fuego, a la humedad y a las plagas.
   Los paneles de madera laminada cruzada (CLT) o las vigas de madera contralaminada (Glulam) pueden ser prefabricados en fábrica para acelerar el proceso constructivo.
4. **Montaje y ensamblaje.** La construcción con madera a menudo implica un montaje y ensamblaje rápido en comparación con otros materiales más pesados. Los elementos prefabricados pueden acelerar significativamente esta fase.
   Algunas técnicas, como la construcción de paneles y los sistemas de marcos, pueden facilitar la rapidez en la construcción.
5. **Conexiones y uniones.** Las conexiones entre los elementos estructurales de madera deben ser precisas y seguras. Esto implica el uso de sistemas de conexión diseñados específicamente para la madera, teniendo en cuenta los movimientos y las deformaciones que pueden ocurrir debido a cambios en la humedad y temperatura.
6. **Control de humedad y aislamiento.** La madera es sensible a la humedad, por lo que es esencial controlarla durante el proceso constructivo. Se deben implementar medidas para evitar la exposición excesiva a la lluvia a la humedad del suelo.
   La instalación adecuada de barreras de vapor y aislamiento térmico contribuye a la eficiencia energética y al confort interior del edificio.
7. **Seguridad contra incendios.** Durante el proceso constructivo se deben implementar medidas para minimizar el riesgo de incendios. Esto incluye el uso de madera tratada con retardantes de fuego y la instalación de sistemas de rociadores y cortafuegos según sea necesario.

8. **Acabados y detalles.** Los acabados exteriores e interiores pueden ser diseños para resaltar la belleza natural de la madera. La elección de los selladores y de los tratamientos de superficie también pueden afectar la durabilidad y la estética del edificio.

9. **Cumplimiento normativo y certificación.** Es fundamental asegurarse de que la construcción cumple con los códigos de construcción y con las normativas locales. La certificación de construcciones sostenibles puede ser un beneficio adicional.

10. **Mantenimiento a largo plazo.** Se debe considerar el mantenimiento a largo plazo al seleccionar materiales y detalles constructivos. La durabilidad de la madera puede ser mejorada con los tratamientos adecuados, así como con un plan de mantenimiento adecuado.

El proceso constructivo de edificios en altura con madera implica una cuidadosa planificación, diseño y ejecución. La elección de tecnologías de construcción modernas, junto con prácticas sostenibles, puede maximizar los beneficios de la madera en la construcción en altura.

IMPORTANTE

La madera es susceptible a la humedad, por lo que es importante implementar medidas adecuadas del manejo de la humedad para prevenir problemas como la pudrición, el deterioro y la proliferación de moho. Esto puede incluir el uso de barreras de vapor, sistemas de ventilación adecuados y técnicas de diseño que minimicen la acumulación de humedad.

4. Identificación de los problemas derivados (ambientales y sociosanitarios) producidos por los tratamientos químicos aplicados en el sector de la construcción

☞ HILO CONDUCTOR

Llegado el momento de elegir qué productos químicos usar, tanto para la protección contra el fuego como para los acabados de la madera, Diego es consciente de los diversos impactos y problemas asociados con estos productos. Para garantizar una aplicación segura y sostenible de tratamientos químicos, Diego y su equipo se aseguran de seleccionar productos químicos que cumplan con las normativas ambientales y de seguridad pertinentes. Prioriza aquellos productos con baja toxicidad y que son menos perjudiciales para el medioambiente. También se implementan medidas para minimizar la generación de residuos peligrosos y reducir la contaminación del suelo, del agua y del aire. Al abordar estos aspectos de manera cuidadosa y responsable, Diego puede minimizar los riesgos asociados con la aplicación de tratamientos químicos en la construcción de su edificio de oficinas.

Los tratamientos químicos aplicados en el sector de la construcción pueden tener diversos impactos y problemas asociados. Es esencial que los profesionales de la construcción consideren estos problemas potenciales al seleccionar y aplicar tratamientos químicos, asegurándose de cumplir con las normativas ambientales y de seguridad, así como adoptando prácticas sostenibles en la construcción.

Todos los productos químicos deben estar debidamente etiquetados.

4.1. Productos químicos habituales en las obras de construcción

En las obras de construcción se utilizan una gran variedad de productos químicos para diferentes propósitos. Algunos de los productos químicos más comunes son:

- **Adhesivos y selladores.** Adhesivos epoxi, poliuretano y cianoacrilato para unir materiales como madera, metal, plástico y hormigón.
Selladores de silicona, acrílicos o poliuretano para sellar juntas y grietas en estructuras y superficies.
- **Impermeabilizantes.** Membranas y recubrimientos impermeabilizantes para proteger las superficies contra la infiltración de agua como techos, sótanos y paredes exteriores.
- **Productos de limpieza y desengrasantes.** Limpiadores ácidos y alcalinos para eliminar residuos de construcción, manchas y suciedad de superficies de hormigón, azulejos, ladrillos, etc.
Desengrasantes para eliminar grasas y aceites de las superficies metálicas y del hormigón.
- **Tratamientos para la madera.** Protectores y preservantes de madera para prevenir la degradación por humedad, hongos, insectos y rayos UV. Barnices y pinturas para acabar y proteger la superficie de la madera.
- **Productos para el tratamiento del hormigón.** Aditivos para mejorar las propiedades del hormigón como retardantes de fraguado, aceleradores, plastificantes y superplastificantes.
Selladores y recubrimientos para proteger el hormigón contra la corrosión, la abrasión y la penetración de sustancias nocivas.
- **Productos para el control de plagas.** Pesticidas y raticidas para controlar insectos, roedores y otras plagas que pueden afectar a las estructuras y a la salud humana.
- **Productos para la preparación de superficies.** Ácidos y soluciones alcalinas para el tratamiento de superficies antes de la pintura, el revestimiento o la aplicación de adhesivos.
Soluciones de decapado para eliminar los recubrimientos viejos y preparar las superficies para nuevos acabados.
- **Productos para la prevención de incendios.** Pinturas intumescentes y retardantes de fuego para proteger las estructuras metálicas y de madera contra el calor y las llamas.

Es importante utilizar estos productos químicos siguiendo las instrucciones del fabricante y teniendo en cuenta las precauciones de seguridad necesarias para proteger la salud humana y el medioambiente. Además, el cumplimiento de las regulaciones locales y la gestión adecuada de residuos son aspectos clave en el uso responsable de productos químicos en obras de construcción.

4.2. Principales riesgos derivados de las aplicaciones de tratamientos químicos

La aplicación de tratamientos químicos en la construcción implica riesgos potenciales para la salud humana, el medioambiente y la integridad de las estructuras. Algunos de los principales **riesgos** derivados de estas aplicaciones son:

- **Exposición a productos químicos tóxicos.** Los trabajadores pueden estar expuestos a productos químicos peligrosos durante la manipulación, la mezcla y la aplicación de tratamientos, lo que puede causar problemas respiratorios, irritación de la piel, intoxicación aguda o crónica, e incluso efectos carcinogénicos.
- **Contaminación del medioambiente.** La liberación de productos químicos al aire, agua o suelo puede provocar contaminación ambiental, afectando negativamente a los ecosistemas locales, a la biodiversidad y a la calidad del agua potable.
- **Incompatibilidad con materiales existentes.** Algunos tratamientos químicos pueden ser incompatibles con ciertos materiales de construcción, lo que puede provocar daños en las estructuras como corrosión, debilitamiento o deterioro prematuro.
- **Riesgos para la salud pública.** La exposición prolongada a productos químicos liberados por tratamientos de construcción puede representar riesgos para la salud pública, especialmente en áreas residenciales o en áreas cercanas a los espacios de trabajo.
- **Incendios y explosiones.** Algunos productos químicos utilizados en la construcción pueden ser inflamables o explosivos, lo que aumenta el riesgo de incendios o explosiones si no se manejan adecuadamente.
- **Impacto en la calidad del aire interior.** La aplicación de ciertos tratamientos químicos en interiores puede resultar en la liberación de compuestos orgánicos volátiles (COV), que pueden contaminar el aire interior y afectar a la salud de los ocupantes de los edificios.
- **Daños a la capa de ozono.** Algunos productos químicos, como los clorofluorocarbonos (CFC) y los halones, pueden contribuir a la destrucción de la capa de ozono si se liberan a la atmósfera.
- **Generación de residuos peligrosos.** La limpieza y eliminación de residuos generados por tratamientos químicos pueden requerir procedimientos especiales y costosos debido a su toxicidad y peligrosidad.

Es esencial que los profesionales de la construcción evalúen cuidadosamente los riesgos asociados con el uso de tratamientos químicos y adopten medidas adecuadas para minimizar estos riesgos, incluyendo la selección de productos menos tóxicos, el uso de equipos de protección personal, la ventilación adecuada de las áreas de trabajo y el cumplimiento estricto de las regulaciones ambientales y de seguridad.

4.3. Principales problemas derivados (ambientales y sociosanitarios) producidos por los tratamientos químicos utilizados en el sector de la construcción

Los principales problemas derivados de los tratamientos químicos utilizados en el sector de la construcción incluyen impactos ambientales negativos, como la contaminación del suelo y del agua, así como riesgos para la salud humana, como la exposición a sustancias tóxicas. Estos problemas pueden surgir debido a la liberación de productos químicos peligrosos durante la fabricación, aplicación o eliminación de tratamientos químicos en los materiales de construcción. Es fundamental abordar estos desafíos mediante la implementación de prácticas sostenibles y el uso responsable de productos químicos en la industria de la construcción.

A continuación, se exponen los principales problemas derivados.

Problemas ambientales

Los problemas ambientales producidos por los tratamientos químicos utilizados en el sector de la construcción son aquellos efectos negativos que estos productos químicos pueden tener en el medioambiente.

Algunos de los principales **problemas ambientales** derivados de estos tratamientos son:

1. **Contaminación del suelo y del agua.** La aplicación de tratamientos químicos puede acabar con la contaminación del suelo y del agua debido al lavado de productos químicos o a la infiltración de residuos.
2. **Contaminación atmosférica.** Algunos tratamientos químicos emiten compuestos orgánicos volátiles (COV) u otros contaminantes atmosféricos que contribuyen a la mala calidad del aire.
3. **Pérdida de biodiversidad.** La contaminación del sueño y del agua, como la liberación de productos químicos tóxicos, puede afectar negativamente a la flora y fauna local, resultando en la pérdida de biodiversidad.
4. **Impacto en los ecosistemas acuáticos.** La contaminación del agua con productos químicos puede afectar a los ecosistemas acuáticos, causando la muerte de peces y otros organismos acuáticos y perturbando el equilibrio natural del agua.
5. **Destrucción de la capa de ozono.** Algunos tratamientos químicos, como los clorofluorocarbonos (CFC), pueden contribuir a la destrucción de la capa de ozono si se liberan a la atmósfera.

Problemas sociosanitarios

Los problemas sociosanitarios producidos por los tratamientos químicos utilizados en el sector de la construcción, son los efectos negativos que estos productos químicos pueden tener en la salud y en el bienestar de las personas, así como en las comunidades afectadas.

Algunos de los principales **problemas sociosanitarios** derivados de estos tratamientos son:

- **Riesgos para la salud humana.** La exposición a productos químicos tóxicos utilizados en tratamientos de construcción puede causar problemas de salud como irritación de la piel, problemas respiratorios, enfermedades agudas, crónicas e incluso cáncer.
- **Impacto en la salud pública.** La contaminación del aire, del agua y del suelo con productos químicos puede representar un riesgo para la salud pública, especialmente para las comunidades cercanas a los lugares de construcción.
- **Aumento de enfermedades respiratorias.** La liberación de compuestos orgánicos volátiles (COV) y otros contaminantes atmosféricos, puede aumentar la incidencia de enfermedades respiratorias entre los trabajadores de la construcción y de las personas que viven cerca de los lugares de construcción.
- **Efectos en comunidades vulnerables.** Las comunidades de bajos ingresos y las poblaciones vulnerables pueden estar especialmente expuestas a los riesgos sociosanitarios asociados con los tratamientos químicos debido a la proximidad a los sitios de construcción y a la falta de atención médica adecuada.
- **Impacto en la calidad de vida.** La contaminación ambiental y los riesgos para la salud asociados con los tratamientos químicos pueden afectar a la calidad de vida de las personas que viven y trabajan en áreas cercanas a los proyectos de construcción.

 **RECUERDA**

Los tratamientos químicos utilizados en la construcción pueden tener una serie de impactos ambientales y sociosanitarios significativos, que van desde la contaminación del suelo y del agua hasta la degradación de los ecosistemas y la pérdida de biodiversidad, así como riesgos para la salud humana, desplazamiento de comunidades y afectación de la calidad de vida. Es fundamental

Continúa en página siguiente >>

<< Viene de página anterior

tomar medidas para minimizar estos impactos, como la adopción de prácticas de construcción sostenibles, la implementación de medidas de seguridad y salud ocupacional, y la participación activa de las comunidades afectadas en el proceso de toma de decisiones.

APLICACIÓN PRÁCTICA

En la construcción en altura es crucial entender el ciclo de vida de los materiales utilizados. Esto implica comprender todas las etapas, desde la extracción y producción hasta la disposición final, así como los aspectos ambientales, económicos y sociales asociados con cada una de estas etapas. ¿Sabes qué etapa del ciclo de vida de los materiales se refiere al análisis exhaustivo y detallado de las diferentes etapas y aspectos ambientales, económicos y sociales asociados con un material específico a lo largo de su vida útil?

Solución

La caracterización del ciclo de vida de los materiales se refiere al análisis exhaustivo y detallado de las diferentes etapas y aspectos ambientales, económicos y sociales asociados con un material específico a lo largo de su vida útil.

---

5. Diferenciación de los tratamientos naturales y no peculiares sobre madera para su posterior aplicación

 **HILO CONDUCTOR**

Comprometido con la sostenibilidad y consciente de los impactos ambientales asociados con los tratamientos químicos convencionales, Diego decide explorar opciones de tratamientos naturales y no peculiares para proteger la madera

Continúa en página siguiente >>

<< Viene de página anterior

utilizada en su edificio de oficinas. Después de investigar diversas alternativas y considerar los consejos de los expertos en construcción sostenible, opta por implementar una serie de buenas prácticas para garantizar la eficacia de los tratamientos y minimizar su impacto ambiental. Para proteger la madera, Diego decide utilizar una combinación de tratamientos naturales, como el aceite de linaza diluido con trementina, que ofrece una protección efectiva contra la humedad y los elementos ambientales. Opta por este tratamiento debido a su bajo impacto ambiental y su capacidad para realzar la belleza natural de la madera.

Para preservar y proteger la madera de manera más natural y menos tóxica existen varios tratamientos que pueden ser utilizados.

Es importante tener en cuenta que algunos de estos tratamientos naturales pueden requerir aplicaciones más frecuentes que los productos químicos convencionales y, además, pueden ser menos efectivos en ciertas condiciones. Sin embargo, son una alternativa segura y respetuosa con el medioambiente para aquellos que buscan evitar el uso de productos químicos agresivos en la protección de la madera.

A continuación, se exponen algunos de estos tratamientos.

5.1. Lasur

El lasur es un tipo de recubrimiento utilizado principalmente en la industria de la carpintería y la construcción para proteger y decorar la madera. Se trata de una pintura transparente o semitransparente que se aplica sobre la superficie de la madera para resaltar su veta natural y proporcionar protección contra los elementos externos como la humedad, los rayos UV y el desgaste.

Algunas de sus **características** más importantes son:

1. **Transparencia.** A diferencia de las pinturas convencionales que cubren completamente la superficie de la madera, el lasur permite que la veta y la textura natural de la madera sean visibles a través del recubrimiento. Esto proporciona un aspecto más natural y estético.
2. **Protección UV.** El lasur ayuda a proteger la madera contra la decoloración y el deterioro causado por la exposición a la luz solar y a los rayos ultravioleta. Esto es especialmente importante para maderas exteriores que están constantemente expuestas a los elementos.

3. **Protección contra la humedad.** Al sellar la superficie de la madera, el lasur ayuda a prevenir la penetración de la humedad, lo que reduce el riesgo de pudrición, hinchazón y deformación de la madera.
4. **Resistencia al desgaste.** El lasur proporciona una capa protectora que ayuda a proteger la madera contra arañazos, abrasiones y otros tipos de desgaste causados por el uso y la exposición a los elementos.
5. **Variedad de acabados.** El lasur está disponible en una gran variedad de colores y acabados, desde transparentes hasta semitransparentes y pigmentados. Esto permite una amplia gama de opciones de diseño y decoración para adaptarse a diferentes estilos y preferencias.

5.2. Aceite de linaza

El aceite de linaza es un producto derivado de las semillas de la planta de lino *(Linum usitatissimum)*. Es conocido por sus múltiples usos, tanto en aplicaciones industriales como domésticas, y ha sido utilizado durante siglos debido a sus versátiles propiedades.

Algunas de sus **características y usos** comunes son:

➲ **Acabado de madera.** El aceite de linaza se utiliza ampliamente como un acabado natural para la madera. Cuando se aplica sobre la madera, penetra en los poros y proporciona protección contra la humedad y el desgaste, al tiempo que realza la veta natural de la madera y le confiere un brillo satinado.

➲ **Pintura al óleo.** En el ámbito artístico, el aceite de linaza se utiliza como un medio para diluir pinturas al óleo y aumentar su fluidez. También se utiliza como un agente de secado para acelerar el tiempo de secado de la pintura al óleo, aunque este proceso es lento en comparación con otros agentes de secado más rápidos.

➲ **Conservación de herramientas de madera y cuero.** El aceite de linaza se puede utilizar para conservar y proteger herramientas de madera, como mangos de herramientas, así como para acondicionar y suavizar artículos de cuero, como cinturones o calzado.

➲ **Sellado de piedra y hormigón.** En aplicaciones de construcción, el aceite de linaza se utiliza ocasionalmente como un sellador natural para la piedra y el hormigón, proporcionando protección contra la humedad y realzando el color natural de estos materiales.

➲ **Suplemento dietético.** El aceite de linaza también se consume como suplemento dietético debido a su alto contenido de ácidos grasos omega-3, que se cree que tienen beneficios para la salud cardiovascular y la función cerebral. Se puede tomar crudo o como parte de recetas de cocina.

Es importante tener en cuenta que el aceite de linaza puede tardar un tiempo considerable en secarse completamente, cuando se usa como acabado de madera o como medio para pinturas al óleo. Además, se debe tener precaución al desechar los trapos o materiales utilizados para aplicar el aceite de linaza, ya que pueden ser un riesgo de autoignición debido al calor generado durante el proceso de secado.

5.3. Aceite de linaza crudo + trementina de pino + colofonia

La combinación de aceite de linaza crudo, trementina de pino y colofonia es a menudo utilizada para hacer un barniz o un medio de pintura conocido tradicionalmente, como barniz de linaza. Este tipo de barniz es apreciado por su capacidad para penetrar en la madera, proporcionar protección contra la humedad y realzar la belleza natural de la misma.

A continuación, se explica un poco más sobre cada uno de los ingredientes y su función en esta mezcla:

⊃ **Aceite de linaza crudo.** El aceite de linaza crudo es el componente principal de esta mezcla. Se extrae de las semillas de lino y es conocido por su capacidad para penetrar profundamente en la madera, nutriéndola y protegiéndola contra la humedad y los elementos.
⊃ **Trementina de pino.** La trementina de pino es un solvente natural que se obtiene de la resina de los pinos. Se utiliza en la mezcla de barniz de linaza para diluir el aceite y hacer que sea más fácil de aplicar. La trementina también ayuda a acelerar el tiempo de secado del barniz.
⊃ **Colofonia.** La colofonia, también conocida como resina de pino, es un subproducto de la destilación de la trementina. Se utiliza en la mezcla de barniz de linaza para mejorar la adherencia y la durabilidad del barniz. También ayuda a crear una superficie resistente al agua y a los arañazos.

La proporción de cada ingrediente puede variar según las preferencias personales y el tipo de aplicación deseada. Es importante tener en cuenta que esta mezcla puede ser inflamable y debe manipularse con precaución. Además, se recomienda realizar pruebas en un área pequeña antes de aplicar el barniz en toda la superficie para asegurarse que el resultado final es el deseado.

5.4. Aceite de linaza diluido hasta un 50 % con trementina

Mezclar aceite de linaza con trementina es una práctica común para obtener un barniz diluido que sea más fácil de aplicar y que se seque más rápido.

Para elaborarlo se deben seguir los siguientes pasos:

➲ Se comienza con aceite de linaza crudo. Se puede encontrar en tiendas de artículos para artistas o en tiendas de suministros para trabajos de carpintería. Asegúrate de que sea aceite de linaza crudo y no cocido, ya que el crudo es mejor para la mayoría de los proyectos.

➲ Consigue trementina pura: la trementina de pino es la más común y está disponible en tiendas de suministros de arte o en ferreterías. Es importante usar trementina pura y no diluida para obtener los mejores resultados.

➲ Mezcla en un recipiente adecuado el aceite de linaza y la trementina en la proporción deseada. Para una mezcla diluida al 50 %, puedes usar partes iguales de aceite de linaza y trementina. Por ejemplo, si necesitas una cantidad de 100 ml de mezcla, puedes usar 50 ml de aceite de linaza y 50 ml de trementina.

➲ Mezcla los dos ingredientes completamente: puedes usar un palo de madera o una varilla para revolver la mezcla hasta que esté uniforme. Es importante asegurarse de que están bien mezclados para obtener un barniz homogéneo.

➲ Una vez que hayas preparado la mezcla, puedes aplicarla sobre la superficie de madera utilizando un pincel, un paño o una almohadilla de aplicación, según tus preferencias y el proyecto en cuestión. Esta mezcla diluida de aceite de linaza y trementina, proporcionará protección a la madera y resaltará su belleza natural, al tiempo que facilitará el proceso de aplicación y acelerará el tiempo de secado.

5.5. Solución de soda cáustica

El uso de solución de soda cáustica para tratar la madera es conocido como "carbonización" o "carbonizado". Este proceso implica aplicar la solución de soda cáustica a la madera para quemar superficialmente las fibras de la madera y así crear una superficie más resistente al fuego, al agua y a los insectos.

A continuación, se exponen algunos detalles sobre cómo se lleva a cabo este proceso y sus consideraciones:

1. **Preparación de la solución.** La solución de soda cáustica se prepara disolviendo la soda cáustica (hidróxido de sodio) en agua. Se debe tener

cuidado al manipular la soda cáustica, ya que es altamente corrosiva y puede causar quemaduras en la piel y los ojos. Se recomienda usar un equipo de protección personal, como gafas de seguridad y guantes de goma, al manejarla.

2. **Aplicación.** La solución de soda cáustica se aplica sobre la superficie de la madera utilizando un pincel, un rodillo o mediante la pulverización. Es importante aplicar una capa uniforme para garantizar que todas las áreas estén cubiertas de manera adecuada.

3. **Reacción química.** Una vez aplicada, la solución de soda cáustica reacciona con la lignina y otras sustancias presentes en la madera, provocando una carbonización superficial. Esta reacción química puede llevarse a cabo a temperatura ambiente o con calor adicional, dependiendo de la profundidad de carbonización deseada.

4. **Lavado y neutralización.** Después de un tiempo determinado, la madera se lava para eliminar el exceso de solución de soda cáustica y detener el proceso de carbonización. Es importante neutralizar cualquier residuo de soda cáustica restante en la madera con una solución ácida, como vinagre o ácido acético diluido en agua.

5. **Secado y acabado.** Una vez neutralizada, la madera se deja secar complemente antes de aplicar cualquier acabado adicional, como barniz, pintura o sellador. La carbonización puede oscurecer la apariencia de la madera, por lo que es posible que se desee aplicar un acabado transparente para realzar su aspecto natural.

Es importante tener en cuenta que el proceso de carbonización con solución de soda cáustica puede afectar a la estabilidad estructural de la madera y alterar su resistencia y otras propiedades. Por lo tanto, se debe realizar con precaución y solo en situaciones donde se requiera mejorar la resistencia al fuego o la durabilidad de la madera en aplicaciones específicas. Además, se deben seguir todas las precauciones de seguridad adecuadas al manipular la soda cáustica y realizar el proceso en un área bien ventilada.

_____

5.6. Solución de ceniza de madera + soda cáustica

La combinación de ceniza de madera y soda cáustica puede usarse como una solución para proteger la madera en un proceso conocido como "carbonización".

A continuación, se exponen las **características de los componentes,** además de cómo hacer y aplicar la solución:

Ceniza de madera
La ceniza de madera es rica en carbonato de potasio y otros compuestos alcalinos. Estos compuestos ayudan a neutralizar los ácidos en la madera y pueden proporcionar cierta resistencia contra los insectos y hongos que podrían dañarla.

Soda cáustica (hidróxido de sodio)
La soda cáustica es altamente alcalina y puede ayudar a descomponer los componentes de la madera que podrían ser susceptibles al deterioro, como la lignina y la celulosa. También puede ayudar a sellar la madera, lo que la hace más resistente al agua y al clima.

Para hacer la solución de protección de madera, se deben seguir los siguientes **pasos:**

1. **Mezcla la ceniza de madera con agua.** Agrega ceniza de madera a un recipiente y mezcla con agua para hacer una pasta o una solución acuosa.
2. **Añade soda cáustica.** Con cuidado, agrega la soda cáustica a la mezcla de ceniza y agua. Es importante seguir las instrucciones de seguridad al manipular la soda cáustica, ya que es un químico corrosivo y puede ser peligroso si entra en contacto con la piel o los ojos.
3. **Aplicación.** Aplica la solución resultante sobre la madera con un pincel o rociador. Asegúrate de cubrir toda la superficie de la madera que deseas proteger.
4. **Secado y curado.** Deja que la solución se seque y se cure completamente. Esto puede llevar varios días, dependiendo de las condiciones ambientales.

IMPORTANTE

Este proceso puede variar dependiendo del tipo de madera y de las condiciones específicas del proyecto. Además, es fundamental tomar precauciones de seguridad al manipular la soda cáustica y seguir las instrucciones del fabricante. Siempre es recomendable realizar pruebas en una pequeña área antes de aplicar la solución en toda la superficie de la madera.

5.7. Aceites de oliva, girasol, etc.

El uso de aceites naturales, como el aceite de oliva, el aceite de girasol y otros aceites vegetales para tratar la madera, es una técnica común y popular en la carpintería y en el trabajo de la madera. Estos aceites penetran en la superficie de la madera, nutriéndola y protegiéndola, al tiempo que realzan su belleza natural.

A continuación, se expone cómo se utilizan y cuáles son sus **beneficios:**

- **Aceite de oliva.** El aceite de oliva es uno de los aceites vegetales más utilizados para tratar la madera. Contiene ácidos grasos que penetran profundamente en la madera, ayudando a nutrirla y protegerla contra la humedad y el desgaste. Además, el aceite de oliva resalta la veta natural de la madera, y le da un brillo suave y cálido.
- **Aceite de girasol.** El aceite de girasol es otro aceite vegetal que se puede usar para tratar la madera. Tiene propiedades similares al aceite de oliva y puede ayudar a proteger la madera contra la sequedad y el agrietamiento. Al igual que el aceite de oliva, el aceite de girasol realza la belleza natural de la madera y le da un acabado atractivo.
- **Otros aceites vegetales.** Además del aceite de oliva y del aceite de girasol, hay otros aceites vegetales que se pueden usar para tratar la madera, como el aceite de linaza, el aceite de tung y el aceite de nuez. Cada uno de estos aceites tiene sus propias características y beneficios, por lo que se puede elegir el que mejor se adapte a las necesidades y preferencias del momento.

Para tratar la madera con aceites vegetales se deben seguir los siguientes **pasos:**

1. Limpia la superficie de la madera para eliminar el polvo y la suciedad.
2. Aplica una capa delgada y uniforme de aceite sobre la madera con un pincel, un paño limpio o una almohadilla.
3. Deja que el aceite penetre en la madera durante unos minutos y luego limpia cualquier exceso con un paño limpio.
4. Deja que la madera se seque completamente antes de aplicar capas adicionales de aceite si es necesario.
5. Repite este proceso según sea necesario hasta que la madera esté completamente tratada.
6. El aceite penetrará en la madera, protegiéndola y realzando su belleza natural. Este método es especialmente adecuado para maderas interiores y muebles, pero ten en cuenta que puede requerir un mantenimiento periódico para conservar su apariencia y protección.

5.8. Sal de bórax

El bórax, también conocido como borato de sodio, es un compuesto mineral natural que se ha utilizado durante mucho tiempo en diversas aplicaciones, incluido el tratamiento de la madera. Se puede utilizar para proteger la madera contra la putrefacción, el ataque de insectos y los hongos.

A continuación, se expone cómo se puede utilizar la sal de bórax para tratar la madera:

- **Preparación de la solución.** Para tratar la madera con bórax, primero se debe preparar una solución saturada de bórax. Esto se realiza disolviendo bórax en agua caliente, hasta que ya no se disuelva más y se forme una solución saturada. Puedes encontrar bórax en la sección de limpieza o de productos para el hogar de la mayoría de las tiendas.
- **Aplicación de la solución.** Una vez preparada la solución de bórax, puedes aplicarla sobre la madera utilizando un pincel, un rodillo o una brocha. Asegúrate de cubrir toda la superficie de la madera con la solución de manera uniforme.
- **Absorción y secado.** Después de aplicar la solución de bórax, permite que la madera la absorba durante un tiempo. Esto puede variar dependiendo del tipo de madera y del grado de absorción. Una vez que la madera haya absorbido suficiente solución, deja que se seque completamente al aire.
- **Repetición del proceso.** En algunos casos, puede ser necesario aplicar múltiples capas de solución de bórax para garantizar una protección adecuada. Si es necesario, puedes repetir el proceso de aplicación y secado varias veces hasta que estés satisfecho con el resultado.

Es importante tener en cuenta que el bórax puede dejar residuos blancos en la superficie de la madera después de secarse. Estos residuos pueden eliminarse fácilmente con un paño húmedo o lijando ligeramente la superficie de la madera. Además, el bórax puede cambiar el color de la madera, especialmente en maderas más claras, por lo que es recomendable hacer una prueba en un área pequeña antes de tratar toda la superficie.

NOTA

El tratamiento de la madera con bórax puede ser una forma efectiva y económica de protegerla contra la putrefacción, los insectos y los hongos, especialmente

Continúa en página siguiente >>

<< Viene de página anterior

en aplicaciones al aire libre. Sin embargo, es importante seguir las precauciones de seguridad adecuadas al manipular bórax y trabajar en áreas bien ventiladas.

5.9. Aceites y barnices comerciales naturales

Existen numerosos aceites y barnices comerciales naturales diseñados específicamente para proteger y realzar la belleza de la madera. Estos productos suelen estar formulados con ingredientes naturales y biodegradables, lo que los hace más amigables con el medioambiente y menos tóxicos que sus contrapartes sintéticas.

Algunos **ejemplos** son:

- **Aceite de tung.** El aceite de tung es otro aceite natural popular para proteger la madera. Se extrae de las semillas del árbol de tung y es conocido por su durabilidad y resistencia al agua. El aceite de tung penetra en la madera y forma una capa protectora que ayuda a prevenir la humedad y el desgaste. También realza la belleza natural de la madera y le da un acabado brillante.
- **Barnices naturales.** Los barnices naturales están formulados con ingredientes naturales como cera de abejas, aceites vegetales y resinas naturales, en lugar de productos químicos sintéticos. Estos barnices proporcionan una capa protectora duradera que ayuda a proteger la madera contra la humedad, los rayos UV y el desgaste. También realzan la veta natural de la madera y le dan un acabado atractivo.
- **Aceite de cítricos.** El aceite de cítricos, derivado de la cáscara de los cítricos, es otro producto natural que se puede utilizar para proteger la madera. Tiene propiedades limpiadoras y desinfectantes, lo que lo hace ideal para el mantenimiento de muebles de madera. El aceite de cítricos también puede ayudar a realzar el color y el brillo de la madera.

Es importante tener en cuenta que, aunque estos productos sean naturales, es importante seguir las precauciones de seguridad adecuadas al manipularlos y aplicarlos.

5.10. Barniz a la cerveza

El barniz a la cerveza es una técnica tradicional utilizada para proteger y realzar la apariencia de la madera. Esta técnica implica mezclar cerveza con otros ingredientes naturales para crear un barniz que se aplica sobre la madera para proporcionar protección y brillo.

A continuación, se expone un ejemplo para elaborar un barniz a la cerveza.

 **EJEMPLO**

Ingredientes:

- Cerveza: preferiblemente una cerveza clara y sin saborizantes agregados.
- Aceite de linaza: actúa como un agente de unión y proporciona protección adicional a la madera.
- Resina de copal o goma laca: estos ingredientes ayudan a darle cuerpo y resistencia al barniz.
- Cera de abejas: agrega brillo y suavidad a la superficie de la madera.

Instrucciones:

- En un recipiente resistente al calor, calienta la cerveza a fuego medio hasta que comience a hervir.
- Reduce el fuego y deja que la cerveza hierva suavemente durante unos 30 min para eliminar el alcohol y concentrar los azúcares naturales de la cerveza.
- Retira la cerveza del fuego y deja que se enfríe un poco.
- Agrega lentamente el aceite de linaza mientras revuelves constantemente la mezcla para evitar que se formen grumos.
- Añade la resina de copal o la goma laca y la cera de abejas, sigue revolviendo hasta que todos los ingredientes estén bien mezclados.
- Deja que la mezcla se enfríe por completo y estará lista para usarla como barniz.
- Para aplicar el barniz a la cerveza en la madera, sigue estos pasos:
- Limpia y lija la superficie de la madera para asegurarte de que esté lisa y libre de suciedad y residuos.
- Aplica una capa delgada y uniforme de barniz a la cerveza sobre la madera con un pincel, un paño limpio o una almohadilla.
- Deja que el barniz se seque completamente entre capa y capa y aplica varias capas según sea necesario para obtener la cobertura deseada.

Continúa en página siguiente >>

<< Viene de página anterior

- Lija suavemente entre capas con papel de lija fino para obtener un acabado más suave y uniforme.
- Una vez que hayas aplicado todas las capas deseadas, deja que el barniz se seque completamente antes de usar o manipular la madera.
- El barniz a la cerveza no solo proporciona protección a la madera, sino que también le da un brillo cálido y natural que realza su belleza. Sin embargo, ten en cuenta que este barniz puede no ser tan duradero como otros barnices comerciales y puede requerir un mantenimiento periódico para conservar su apariencia y protección.

5.11. Barniz de cera

El barniz de cera es una opción natural y efectiva para proteger y embellecer la madera. Este tipo de barniz se compone principalmente de cera natural, como la cera de abeja, mezclada con otros ingredientes que pueden incluir aceites naturales, resinas y solventes.

A continuación, se explican cuáles son los **componentes:**

- **Cera de abejas.** La cera de abejas es un ingrediente fundamental en el barniz de cera. Esta cera natural ayuda a crear una capa protectora sobre la madera, proporcionando resistencia al agua y al desgaste. Puedes encontrar cera de abejas en forma de bloques o pastillas en tiendas de artesanía o en línea.
- **Aceites naturales (opcional).** Algunas recetas de barniz de cera pueden incluir aceites naturales, como aceite de linaza o aceite de tung, para proporcionar flexibilidad y profundidad al acabado. Estos aceites pueden ayudar a realzar la veta natural de la madera y a mejorar su aspecto general.
- **Resinas naturales (opcional).** Algunas recetas de barniz de cera pueden incluir resinas naturales, como la goma laca o la resina de copal, para proporcionar mayor durabilidad y resistencia a la abrasión.

Para preparar y aplicar este tipo de barniz se deben seguir los siguientes pasos:

Paso 1

Derrite en un recipiente resistente al calor la cera de abeja a fuego lento hasta que se haya convertido en líquido. Si estás utilizando aceites y resinas, también puedes agregarlos en este punto y mezclar bien.

Paso 2

Una vez que la mezcla esté derretida y bien mezclada, aplícala sobre la superficie de la madera con un pincel, un paño limpio o una almohadilla. Asegúrate de cubrir toda la superficie de manera uniforme y de trabajar en capas delgadas para evitar el exceso de acumulación de barniz.

Paso 3

Deja que el barniz de cera se seque completamente. Una vez seco, puedes pulir la superficie con un paño suave o con un cepillo de cerdas naturales para darle brillo y suavidad adicional. Si lo deseas, puedes aplicar múltiples capas de barniz de cera para obtener un acabado más duradero y resistente.

El barniz de cera es una opción popular para aquellos que prefieren productos naturales y orgánicos para proteger y embellecer la madera. Proporciona una capa protectora que resalta la belleza natural de la madera mientras la protege contra la humedad, los arañazos y el desgaste diario. Sin embargo, ten en cuenta que el barniz de cera puede requerir un mantenimiento periódico para conservar su apariencia y protección a lo largo del tiempo.

5.12. Otras soluciones naturales para su aplicación en diferentes fases de un proyecto de construcción o rehabilitación con madera

Hay varias soluciones naturales que se pueden utilizar en diferentes fases de un proyecto de construcción o rehabilitación que involucre madera. Estas soluciones pueden ayudar a proteger, preservar y realzar la madera de manera sostenible y respetuosa con el medioambiente.

Algunas de estas opciones son:

● **Mantenimiento y restauración**

　○ **Vinagre y agua:** se pueden utilizar como limpiadores naturales para eliminar la suciedad y las manchas de la madera.

Ü **Lana de acero y aceite de linaza:** se pueden usar para restaurar y dar brillo a superficies de madera desgastadas.

Ü **Cera de abejas:** se utiliza para encerar y sellar superficies de madera, proporcionando protección adicional contra la humedad y el desgaste.

➲ **Control de plagas y hongos**

Ü **Aceite de neem:** se utiliza como repelente de insectos y fungicida natural para proteger la madera contra plagas y hongos.

Ü **Vinagre blanco:** se puede usar para eliminar hongos y moho de la madera de manera efectiva y respetuosa con el medioambiente.

Estas son solo algunas soluciones naturales que se pueden utilizar en diferentes etapas de un proyecto de construcción o rehabilitación con madera. Es importante investigar y probar diferentes métodos para encontrar los más adecuados conforme a las necesidades específicas de cada proyecto, así como para asegurar la protección y preservación adecuadas de la madera a lo largo del tiempo.

El aceite de linaza se extrae de las semillas de lino.

 **VÍDEO**

Aprende a realizar un buen acabado a base de aceite de linaza y cera natural de abeja visualizando un vídeo donde lo explica paso a paso, accediendo desde aquí:

Continúa en página siguiente >>

<< Viene de página anterior

https://redirectoronline.com/eocj020201

 **APLICACIÓN PRÁCTICA**

Para preservar y proteger la madera de manera más natural y menos tóxica, hemos visto varios tratamientos que pueden ser utilizados. Estos métodos resaltan la veta natural de la madera y ofrecen una alternativa más segura y respetuosa con el medioambiente. Estos métodos no solo protegen la madera, sino que también realzan su belleza natural. Antes de utilizarlos es importante conocer sus características. ¿Sabrías decir cuál de los siguientes métodos naturales destaca por crear una capa protectora transparente que resalta la veta natural de la madera, ofreciendo protección contra la decoloración, los rayos UV, la humedad y el desgaste?

Solución

El lasur es un recubrimiento transparente o semitransparente que resalta la veta natural de la madera y proporciona protección contra la decoloración, los rayos UV, la humedad y el desgaste.

 ACTIVIDAD COMPLEMENTARIA

2. Haz una búsqueda en fuentes externas para encontrar al menos tres construcciones de edificios con madera que hayan utilizado tratamientos naturales para proteger la madera. Explica qué tratamiento se utilizó y cuáles son sus ventajas respecto a otro tratamiento no peculiar.

5.13. Buenas prácticas en diferentes instalaciones y edificios

Para la aplicación de tratamientos no peculiares y naturales en proyectos de construcción con madera es importante seguir buenas prácticas que promuevan la eficacia del tratamiento, la durabilidad de la madera y la protección del medioambiente. Aquí tienes algunas buenas prácticas específicas para este tipo de proyectos:

- **Selección de madera sostenible.** Utilizar madera certificada por organizaciones reconocidas que garantizan prácticas forestales sostenibles, como el *Forest Stewardship Council* (FSC) o el *Programme for the Endorsement of Forest Certification* (PEFC). Esto asegura que la madera provenga de fuentes responsables y bien gestionadas.
- **Pretratamiento de la madera.** Antes de aplicar cualquier tratamiento es importante preparar adecuadamente la madera para maximizar la eficacia del tratamiento. Esto puede incluir el lijado para eliminar imperfecciones y abrir los poros de la madera, así como la limpieza para eliminar cualquier suciedad o contaminantes que puedan interferir con el tratamiento.
- **Elección de tratamientos naturales.** Optar por tratamientos naturales y no peculiares, como los aceites vegetales (aceite de linaza, aceite de tung), ceras naturales (cera de abejas) y soluciones a base de agua con ingredientes naturales (vinagre, bórax). Estos tratamientos son menos tóxicos y más respetuosos con el medioambiente que los tratamientos químicos convencionales.
- **Aplicación uniforme.** Aplicar el tratamiento de manera uniforme sobre toda la superficie de la madera para garantizar una protección completa y consistente. Utilizar métodos de aplicación adecuados, como pinceles, rodillos o pulverizadores, para asegurar una cobertura uniforme.
- **Secado adecuado.** Permitir que el tratamiento se seque completamente antes de manipular o instalar la madera. Esto asegura que el tratamiento se adhiera correctamente a la madera y proporcione una protección efectiva.
- **Mantenimiento regular.** Realizar un mantenimiento regular de la madera tratada para prolongar su vida útil y mantener su apariencia. Esto puede incluir la reaplicación periódica del tratamiento, especialmente en áreas expuestas a condiciones climáticas severas o a lugares con un nivel de humedad alto.
- **Educación y concienciación.** Proporcionar información a los trabajadores y usuarios sobre los beneficios de los tratamientos naturales y no peculiares, así como sobre las prácticas adecuadas de mantenimiento. Fomentar la adopción de prácticas sostenibles y responsables en el manejo de la madera tratada.

Al seguir estas buenas prácticas se puede garantizar que los tratamientos no peculiares y naturales aplicados en proyectos de construcción con madera sean efectivos, duraderos y respetuosos con el medioambiente. Esto contribuye a la creación de edificaciones más sostenibles y saludables para las personas y para el planeta.

SABÍAS QUE...

Aunque pueda parecer contradictorio, la madera utilizada en construcciones modernas se trata para mejorar su resistencia al fuego. Además, en caso de incendio, la madera tiende a quemarse lentamente y de manera predecible, lo que proporciona a los ocupantes más tiempo para evacuar de manera segura.

- -

TAREA 2

Eres el responsable de la selección de tratamientos para la madera en un proyecto de construcción sostenible. El objetivo es preservar y proteger la madera de manera natural y respetuosa con el medioambiente. Analizando las ventajas de tratamientos no peculiares y naturales, propón medidas concretas para minimizar los impactos ambientales y sociosanitarios en el proyecto.

- -

6. Especificaciones de la normativa europea y española sobre productos naturales, carencia de toxicidad y disolventes

 HILO CONDUCTOR

Una vez elegido el tratamiento a utilizar para la madera, Diego y su equipo se aseguran de que todos los productos utilizados en su proyecto de construcción cumplen con los requisitos establecidos por la normativa europea y española sobre los productos naturales y los tratamientos no peculiares para la madera. La Regulación Europea sobre Productos de la Construcción (CPR) establece que

Continúa en página siguiente >>

<< Viene de página anterior

los productos de construcción, incluyendo la madera tratada, deben llevar el marcado CE, lo que garantiza que cumplen con los requisitos de rendimiento especificados en las normas armonizadas aplicables. Diego debe verificar que todos los tratamientos naturales y no peculiares utilizados en su proyecto están debidamente marcados con el CE.

En el ámbito de la construcción con madera, tanto la normativa europea como la española establecen requisitos específicos para garantizar la seguridad y la calidad de los tratamientos no peculiares y naturales aplicados a la madera.

A continuación, se describen algunas **especificaciones** relevantes:

- ⮑ **Regulación Europea sobre Productos de la Construcción (CPR).** La Regulación (UE) n.º 305/2011 sobre productos de construcción (CPR) establece los requisitos armonizados para la comercialización de productos de construcción en el mercado europeo. Esto incluye productos, como la madera tratada, para su uso en construcción.
- ⮑ **Marcado CE.** Según la CPR, los productos de construcción deben llevar el marcado CE, lo que indica que cumplen con los requisitos de rendimiento especificados en las normas armonizadas aplicables. Esto se aplica también a los tratamientos no peculiares y naturales utilizados en la madera.
- ⮑ **Normativa Española de Construcción.** En España, la normativa de construcción también se basa en la CPR y establece requisitos específicos para la madera tratada utilizada en proyectos de construcción. Esto incluye la necesidad de cumplir con las normas técnicas españolas aplicables, que pueden definir requisitos adicionales para la seguridad y la calidad de los tratamientos aplicados a la madera.
- ⮑ **Carencia de toxicidad y disolventes.** En lo que respecta a la carencia de toxicidad y disolventes en tratamientos no peculiares y naturales para la madera, la normativa europea y española establecen límites y requisitos estrictos para garantizar la seguridad de los usuarios y del medioambiente. Esto puede incluir la prohibición o restricción de ciertas sustancias químicas peligrosas en los tratamientos, así como la especificación de métodos de aplicación que minimicen la liberación de disolventes o compuestos tóxicos.
- ⮑ **Certificaciones y evaluaciones.** En muchos casos, los fabricantes de tratamientos para madera pueden optar por certificar sus productos según las normas reconocidas internacionalmente o someterlos a evaluaciones

de conformidad independientes para demostrar su cumplimiento con los requisitos de seguridad y calidad establecidos por la normativa.

Es fundamental que los profesionales del sector de la construcción con madera se mantengan al tanto de las regulaciones aplicables y seleccionen tratamientos que cumplan con todas las especificaciones y requisitos pertinentes para garantizar la seguridad y durabilidad de las estructuras construidas.

6.1. Certificación y la Norma Española (Certificado M1)

La certificación y la Norma Española (Certificado M1) se refieren a los estándares de calidad y seguridad en la construcción, especialmente en lo que respecta a la emisión de compuestos orgánicos volátiles (COV) en materiales de construcción y productos de acabado. El Certificado M1 es un sistema de clasificación finlandés que se utiliza como referencia para evaluar la emisión de COV en productos de construcción en España y otros países.

Esta certificación garantiza que los productos cumplen con ciertos estándares de emisión de COV, lo que significa que emiten niveles bajos de compuestos químicos que pueden ser perjudiciales para la salud humana y el medioambiente. Los productos que cumplen con los criterios establecidos por el Certificado M1 son considerados de alta calidad en términos de emisiones de COV y pueden contribuir a la creación de entornos interiores más saludables y sostenibles.

La certificación y la Norma Española (Certificado M1) son herramientas importantes para garantizar la calidad y la seguridad de los materiales de construcción en términos de emisión de COV, lo que ayuda a proteger la salud de las personas y del medioambiente.

6.2. Certificación y la Norma Europea (Certificado BFL-S1)

La certificación y la Norma Europea (Certificado BFL-S1) se refieren a los estándares de seguridad contra incendios para materiales de construcción, especialmente revestimientos de suelos y techos. El Certificado BFL-S1 es una clasificación europea que se utiliza para evaluar la reacción al fuego de estos materiales.

La letra "B" indica la contribución del material al fuego, mientras que las letras "FL" representan el alcance de la propagación de las llamas. La letra "S" indica la producción de humo y el número "1" representa la formación de gotas o partículas inflamables.

El Certificado BFL-S1 garantiza que los materiales de construcción cumplen con los estándares específicos de seguridad contra incendios, lo que ayuda a proteger la vida y la propiedad al reducir el riesgo de propagación del fuego y la emisión de sustancias peligrosas en caso de incendio.

6.3. Otras Normas Europeas

Existen varias normas europeas relacionadas con productos naturales, carencia de toxicidad y disolventes en diferentes ámbitos, incluyendo la construcción, la fabricación de productos de consumo y la industria en general. Algunas de estas **normas** incluyen las siguientes:

- **Norma Europea EN 71.** Esta norma establece requisitos de seguridad para los juguetes, incluyendo restricciones sobre el contenido de ciertos metales pesados y otros compuestos tóxicos.
- **Norma Europea EN 13432.** Esta norma establece los requisitos para la compostabilidad y biodegradabilidad de los envases y embalajes, lo que incluye la prohibición o limitación de ciertos aditivos químicos.
- **Norma Europea EN 71-3.** Esta norma específica se enfoca en la seguridad de los juguetes en lo que respecta a la migración de ciertos elementos químicos, como el plomo, el cadmio y el mercurio, desde el material del juguete hacia el niño.
- **Norma Europea EN 16516.** Esta norma establece los métodos de prueba para evaluar las emisiones de compuestos orgánicos volátiles (COV) de materiales de construcción y productos para interiores.
- **Norma Europea EN 15662.** Esta norma establece métodos de análisis para la determinación de residuos de plaguicidas en alimentos de origen vegetal y animal por cromatografía de gases y espectrometría de masas.

Estas son solo algunas de las muchas normas europeas que abordan la seguridad, la toxicidad y el uso de productos naturales en diversos contextos. Cumplir con estas normas ayuda a garantizar la seguridad de los productos y materiales, así como a proteger la salud pública y el medioambiente.

Cumplir con la normativa europea es importante para garantizar la protección de los consumidores y proteger el medioambiente.

TAREA 3

Imagina que eres un ingeniero civil encargado de un proyecto de construcción de un complejo residencial en las afueras de una ciudad. Durante la fase de planificación, te enfrentas a la difícil tarea de seleccionar los tratamientos químicos adecuados para proteger la estructura del edificio y garantizar su durabilidad.

Sin embargo, eres consciente de los impactos ambientales y sociosanitarios que estos productos pueden tener en el entorno y en la salud de las personas. Sabes que tomar decisiones responsables es fundamental para el éxito del proyecto y para preservar el bienestar de la comunidad circundante.

Considerando los posibles problemas derivados de los tratamientos químicos en el sector de la construcción, ¿qué medidas tomarías para minimizar los impactos ambientales y sociosanitarios en tu proyecto?

ACTIVIDAD COMPLEMENTARIA

3. Haz una búsqueda en redes sobre qué parámetros se evalúan para conseguir la Certificación y la Norma Española (Certificado M1), la Certificación y la Norma Europea (Certificado BFL-S1) u otras normas europeas relacionadas

Continúa en página siguiente >>

<< Viene de página anterior

con productos naturales, carencia de toxicidad y disolventes en el ámbito de la construcción.

7. Resumen

En un mundo donde la construcción sostenible es cada vez más relevante, los tratamientos no peculiares y naturales están ganando terreno en el ámbito de la construcción con madera. Este enfoque busca identificar métodos alternativos que no solo preserven la integridad de la madera, sino que también minimicen el impacto ambiental y los riesgos para la salud.

Para hacer un buen uso de la madera en la construcción es importante comprender aspectos como el ciclo de vida de los materiales, desde la extracción y producción hasta la disposición final, considerando aspectos ambientales, sociales y económicos. Y, para sacar el máximo rendimiento y hacer un uso responsable de los tratamientos no peculiares y naturales para la madera y de otros tratamientos químicos convencionales, es necesario tener en cuenta factores como los riesgos asociados con el uso de estos tratamientos, la exposición a productos tóxicos, la contaminación ambiental, la incompatibilidad con materiales existentes y los problemas sociosanitarios.

No podemos olvidar que para la ejecución de cualquier proyecto de construcción es imprescindible tener en cuenta las diferentes normativas españolas y europeas en la materia, incluyendo la Regulación sobre Productos de la Construcción y la normativa nacional, con énfasis en la carencia de toxicidad y disolventes en los tratamientos.

CICLO DE VIDA DE LOS MATERIALES

- Producción
- Uso
- Fin de vida

PAPEL DE LA MADERA EN LA CONSTRUCCIÓN EN ALTURA

- Diseño estructural
- Proceso constructivo

Continúa en página siguiente >>

<< Viene de página anterior

PROBLEMAS PRODUCIDOS POR TRATAMIENTOS QUÍMICOS

- Productos químicos habituales
- Principales riesgos derivados
- Problemas ambientales y sociosanitarios

TRATAMIENTOS NATURALES Y NO PECULIARES PARA LA MADERA

- Aceites (linaza, oliva, girasol, etc.)
- Lasur
- Barnices

NORMATIVA EUROPEA Y ESPAÑOLA DE PRODUCTOS NATURALES

- NORMA ESPAÑOLA (certificado M1)
- NORMA EUROPEA (certificado BFL-S1)
- Otras normas europeas

Ejercicios de autoevaluación
Unidad de Aprendizaje 2

1. Indica si la siguiente oración es verdadera o falsa: "Los tratamientos no peculiares y naturales para la madera son menos efectivos que los productos químicos convencionales".

   ■ Verdadero
   ■ Falso

2. ¿Qué aspecto no se considera en la caracterización del ciclo de vida de los materiales?

   a. Uso
   b. Mantenimiento
   c. Reutilización y reciclaje
   d. Impactos sociales y económicos

3. Indica si la siguiente oración es verdadera o falsa: "La madera tratada con productos químicos no puede ser utilizada en proyectos de construcción sostenible".

   ■ Verdadero
   ■ Falso

4. Elige la opción correcta para completar la frase.

   La _____ se refiere al análisis exhaustivo y detallado de las diferentes etapas y aspectos ambientales, económicos y sociales asociados con un material específico a lo largo de su vida útil.

   a. preparación adecuada de la madera
   b. protección de la madera
   c. caracterización del ciclo de vida de los materiales
   d. selección de madera sostenible

5. ¿Cuál de los siguientes no es un problema sociosanitario derivado de los tratamientos químicos en la construcción?

    a. Riesgos para la salud humana.
    b. Impacto en la calidad del aire interior.
    c. Pérdida de biodiversidad.
    d. Disminución de la huella de carbono.

6. Indica si la siguiente oración es verdadera o falsa: "El marcado CE es obligatorio para los productos de construcción, incluidos los tratamientos naturales para la madera".

    ■ Verdadero
    ■ Falso

7. ¿Qué normativa europea establece los requisitos para la comercialización de productos de construcción?

    a. Regulación Española de Construcción
    b. Normas Técnicas Españolas
    c. Regulación Europea sobre Productos de la Construcción (CPR)
    d. Ley de Protección Ambiental Europea

8. Indica si la siguiente oración es verdadera o falsa: "La madera es un material renovable y sostenible, emitiendo menos gases de efecto invernadero que el acero y el hormigón".

    ■ Verdadero
    ■ Falso

9. El uso de técnicas como la madera laminada cruzada (CLT) y la madera laminada encolada (MLE) ayuda a mejorar la resistencia estructural, permitiendo la construcción de edificios más _____.

    a. altos
    b. bajos
    c. duros
    d. blandos

10. ¿Cuál es un riesgo asociado con la aplicación de tratamientos químicos en la construcción?

    a. Aumento de la durabilidad de la madera.
    b. Reducción de la exposición a productos químicos.
    c. Contaminación del suelo y del agua.
    d. Mejora de la calidad del aire interior.

Glosario

Aceite de cítricos
Derivado de la cáscara de los cítricos, se usa para proteger la madera y tiene propiedades limpiadoras y desinfectantes.

Aceite de girasol
Aceite vegetal utilizado para tratar la madera, protegiéndola contra la sequedad y el agrietamiento.

Aceite de linaza
Producto derivado de las semillas de lino, se usa como acabado natural para la madera y como diluyente para pinturas al óleo.

Aceite de tung
Se extrae de las semillas del árbol de tung y protege la madera contra la humedad y el desgaste.

Adhesivos y selladores
Utilizados para unir y sellar materiales como madera, metal, plástico y hormigón.

Bórax
También conocido como borato de sodio, es un compuesto mineral que se encuentra de forma natural y se presenta como un polvo blanco e inodoro que es soluble en el agua.

Ceniza de madera
Se utiliza para neutralizar ácidos en la madera.

Certificación de eficiencia energética
Proceso que evalúa y clasifica el rendimiento energético de un edificio, proporcionando información sobre su consumo de energía y las emisiones asociadas.

Colofonia
También conocida como resina de pino, se utiliza en barnices de linaza para mejorar la adherencia y durabilidad.

Contaminación atmosférica
Presencia en la atmósfera de sustancias nocivas en concentraciones, que pueden tener efectos adversos para la salud humana, el medioambiente y los ecosistemas. Estas sustancias pueden ser tanto de origen natural como resultado de actividades humanas.

Demolición
Proceso de desmontar o destruir una estructura.

Diseño estructural
Consideraciones para el diseño de edificios de madera en altura.

Eficiencia energética
La cantidad de energía que se necesita para cumplir con las necesidades energéticas de un edificio bajo condiciones normales de uso.

Envoltura térmica del edificio
Conjunto de partes del edificio que incluye las paredes exteriores y las divisiones internas determinadas, siguiendo las reglas del Código Técnico de la Edificación.

Etiqueta de eficiencia energética
Distintivo que muestra la calificación de eficiencia energética de un edificio, que va desde A (más eficiente) hasta G (menos eficiente).

Inspección técnica del edificio
Proceso obligatorio para ciertos edificios que implica una evaluación técnica de su estado y condiciones.

Instalación térmica del edificio
Sistema fijo que proporciona calefacción, refrigeración, ventilación y agua caliente, manteniendo unas condiciones térmicas adecuadas.

Lasur
Recubrimiento transparente o semitransparente utilizado para proteger y decorar la madera.

Mantenimiento
Actividades para preservar la funcionalidad y estética de los materiales durante su uso.

Proceso constructivo
Procedimientos desde la preparación del sitio hasta el montaje y ensamblaje de los elementos.

Reciclaje
Proceso de recuperación y reutilización de materiales.

Rehabilitación
Renovación o mejora de materiales y estructuras existentes.

Sal de bórax
Compuesto mineral natural utilizado para proteger la madera contra la putrefacción y el ataque de insectos.

Sostenibilidad
Prácticas que aseguran el uso responsable de los recursos naturales y la protección del medioambiente a largo plazo.

Transporte
Es el movimiento de personas, bienes o información de un lugar a otro. Es un componente vital de la vida moderna y de la economía global.

Tratamientos para la madera
Protectores y preservantes para prevenir la degradación de la madera.

Trazabilidad
Capacidad de rastrear el origen y el recorrido de un producto a lo largo de la cadena de suministro.

Bibliografía

Monografías

→ Catálogo de publicaciones del Ministerio: *En Madera, otra forma de construir. El material constructivo sostenible del siglo XXI*. Madrid: Ministerio para la transición ecológica y el reto demográfico, 2023.

   Este manual está impreso en papel procedente de bosques o plantaciones forestales certificadas bajo los estándares de FSC. Es un manual completísimo sobre construcción en madera, está disponible en el catálogo general de publicaciones oficiales.

→ PERAZA Sánchez, F.: *Protección Preventiva de la Madera*. Madrid: AITIM, 2021.

   Libro técnico en el que se puede encontrar información sobre agentes degradantes de la madera y tratamientos adecuados para cada uno, desde insectos hasta el fuego.

Textos electrónicos, bases de datos y programas informáticos

→ Arquitectura en madera: una estrategia de construcción sostenible, de:
   <https://savia.gal/blog/arquitectura-en-madera>.
   Este artículo explica el proceso completo de la madera, desde su extracción hasta el resultado final en la construcción de viviendas.

→ Dosier. Tratamientos de la madera, de:
   <https://ecohabitar.org/dosier-tratamientos-para-la-madera>.

   En este artículo se explica la normativa referente a la penetración de los productos químicos según cada caso. El origen de la protección de la madera, los diferentes tipos de tratamientos y da algunas recetas para fabricar protectores naturales para la madera.

→ El mercado maderero mundial, de:
   <https://www.ipaulownia.com/es/el-mercado-maderero>.

   En este artículo se explica de manera clara y con gráficos el aumento de la demanda mundial de madera y plantea alguna solución viable.

→ La legalidad de la comercialización de madera y productos de la madera en España, de: <https://www.miteco.gob.es/es/biodiversidad/temas/internacional-especies-madera/madera-legal.html>.

   Interesante artículo del ministerio para la transición ecológica y el reto demográfico sobre la problemática de la madera ilegal. Con enlaces a información detallada acerca de los reglamentos FLEGT, EUTR y Lignum Data.

→ La madera como material de construcción de viviendas: ¿cuáles son sus beneficios?, de: <https://www.iadb.org/es/story/la-madera-como-material-de-construccion-de-viviendas-cuales-son-sus-beneficios>.

   Este artículo explica la tendencia creciente de la construcción de edificios de madera y plantea como una solución posible al incremento de demanda de viviendas la utilización de la madera.

→ Ocho herramientas de *Google* (gratuitas) para vender más muebles, de: <http://masmadera.net/herramientas-de-google-gratis-para-muebles/>.

   En este sitio web se dan ocho herramientas digitales para mejorar las ventas *online*.

→ Tratamiento de la madera, en busca de alternativas más ecológicas para el control de hongos, de: <https://higieneambiental.com/tratamiento-de-la-madera-fungicidas>.

   Artículo muy interesante sobre tratamientos naturales alternativos para proteger la madera contra la infección de hongos.